富士宮市ワーケーション事例 ───────

期間	2022年8月31日（水）～9月2日（金）2泊3日
場所	静岡県富士宮市 Mt. FUJI SATOYAMA VACATION（マウントフジ里山バケーション） https://satoyama-vacation.com/
主催団体 （受入ホスト）	一般社団法人エコロジック
参加企業 人数	株式会社コミクリ　5名（https://www.comcre.co.jp/） 日本航空株式会社・株式会社ジャルパック・株式会社ジャルセールス　4名 計：9名 （※協力：富士宮市・環境省）
ワーケーション プログラム コンセプト	テーマ事前設定型ワーケーションプログラム 「和み」、「人の和」、「日本の和」をテーマとしたグランピングや地域の自然 や地域住民から学ぶエコツアーを通じて、SDGsをテーマとした企業間連携 による新規事業を生み出すワーケーションプログラム

※今回は、異業種企業の交流によるワーケーション効果を検証することを目的としたモニタープログラム
という形で実施。
最終日の振り返り時に、環境省および自治体担当者も同行し、参加者の生の意見を聞いてみた。それ以外
の時間は、一般社団法人エコロジックのファシリテートのもと、参加企業がワーケーション体験を行った。

スケジュール表

		行程	食事
		テーマ：チームビルドを通してお互いを知る、Think Locally, Act Globally.	
1日目	10:00	各地－（東海道新幹線）新富士駅	朝：X 昼：○ 夜：○
	11:00	Mt. FUJI SATOYAMA VACATION 着　挨拶自己紹介・施設説明	
	12:00	昼食（地元の食材を使ったお弁当）	
	13:00	チームビルディング （テント・タープ張り、アウトドア料理用の薪準備等）	
	14:30～	Free　テレワークなど	
	17:00～	夕食（富士宮の肉・野菜を使ったアウトドア料理体験） ・料理待ち時間中 「エコロジック代表新谷による世界と地元富士宮におけるエコツーリズ ム開発に関する講義」 ・食事、ディスカッション	
	20:00	夕食後、焚火を囲みながらの語らい	

		行程	食事
		テーマ：Think Globally, Act Locally. エコツアーを通じて、富士山の自然や里山から SDGs を考える。	
2日目	6:30〜	モーニングエコツアー（白糸の滝）	朝：○ 昼：○ 夜：○
	8:00〜	朝食（ホットサンドイッチ）　以降 Free	
	11:00〜	里の恵みエコツアー （ガイドの案内で地元の有機農家を訪れ、夕食用の有機野菜をピックアップ。富士山の湧水で作られた地ビールのブルワリーで一杯。その後、歴史ある酒蔵の方から酒造りのご説明をいただき、テイスティング。たくさんの富士山の恵みを満喫できるエコツアー体験） E-bike　→12時半 ランチ：富士宮焼きそば　→13時半　有機野菜収穫　→　ローカルビール工房の見学　→　16時　富士錦見学	
	17:00〜	Mt. FUJI SATOYAMA VACATION 戻り 2日目のエコツアーの振り返り（個々の気づきを共有する時間）	
	19:00	夕食　（ファームトゥテーブル、地産地消 BBQ）	
	21:00	Free　リクライニングチェアーに寝転がりながら、夜の富士山と星空観察など 夕食後、焚火を囲みながらの語らい	

		行程	食事
3日目	6:30	モーニングエコツアー （富士山の伏流水を活用した養鱒場と小水力発電所の見学）	朝：○ 昼：○ 夜：X
	8:00	朝食（白糸滝養魚場 マス朝食弁当）	
	9:00	Free　テレワークなど	
	11:30	昼食 片づけ　荷物準備	
	12:30	全体の振り返り（富士宮市役所、環境省の担当者同席）	
	15:00	Mt. FUJI SATOYAMA VACATION 出発	
	16:00	新富士駅（東海道新幹線）ー 各地	

当ワーケーションプログラムに参加してよかった点は?

参加者コメント

最近悩んでいた仕事の課題を解決するアイディアが環境を変えたことで見つけることができた。日頃はIT関連の業務は部屋でこもりっきりでしたが、今回のワーケーションプログラムは自然に囲まれ環境を変えることができ、脳に良い刺激を与えることができたからだろうと思う。(コミクリ社A氏)

今回、ワーケーションプログラムに参加し人生観が変わった。自分はまだ新人でいつも頭は仕事のことばかりでした。アウトドアもあまり好きではないので、さらに仕事を抜けることに対して罪悪感もあり、正直今回参加することに決してポジティブではなかった。エコツアーで出会った地域の農家や酒蔵の人たちが夢を持って仕事をしていて、エコツアーでその先を見させてもらえることができた。夢をもって仕事をすることはとても大切だとという気付きをもらえた。(コミクリ社B氏)

その他、参加者からのコメント

- ・他業種の企業とワーケーションを行うことで、新しい何かを生み出す可能性が見つけられた。
- ・非日常な場所に身を置くことで、クリエイティブで、より良いアイディアが生まれ、生産性が向上する。
- ・やはり、リモートワークではなく、実際に人と顔を合わせて、語り合うことが大切。
- ・今まで物事を小さなスケールで考えていたが、このワーケーションを通じて、もっと大きなスケールで考えることが大切だと気づいた。
- ・ワーケーションはこうじゃないといけないと固定観念があったが、様々なスタイルがあっていいことに気づいた。ただ、何よりも「楽しむ」ことは大切。
- ・自分の好きな環境で、好きなタイミングで仕事をすることで、効率が上がることに気づいた。
- ・このようなリラックスできる環境に身を置くことで、うまく時間を使うことができ、人間らしい仕事ができた。やることを短期間でこなし、後はゆったりとした時間を過ごすようにする。
- ・給料以外の面で、会社がこのようなインセンティブ(ワーケーションへの参加)を提供してくれることで、働く上でのモチベーションが上がる。
- ・エコツアーガイドのサポートのもと、満天の星空の下、焚火を囲み語り合う。まさに極上のリラクゼーション体験ができた。

コミクリ社　ワーケーション事業担当　和田氏　コメント

業界全体の課題でもある、エンジニアの離職回避のためにも、ワーケーションは自社の強みになると確信し、ワーケーションを推進している。今回のワーケーションは富士宮市の豊かな自然と、良質な時間を提供しようと尽力くださったホスト側の皆様、そして本質にこだわりぬいた非日常のグランピング空間の3つの要素が私たちそれぞれの感性を刺激し、そして常に5感を通じてケアし続けてくれた。記憶に残る旅は人生を豊かにするが、旅と仕事をリンクさせ、非日常の環境に身をおく働き方は、オフィスの中だけでは得る事ができない、貴重な経験を重ねる事ができる。これがワーケーションの醍醐味であることを強く感じた。

「ワーケーションとは」という定義を決めることも大切であるが、まずは1日でも2日でもよいので、実際に経験することでそれぞれがワーケーションに求めるものさしが自然にできていくのではと考える。

コミクリ社　社長　コメント

ワーケーションは仕事が忙しくない人が来るのではなく、一番忙しい人を連れてきて体験してもらうことも重要である。

ワーケーションは制度自体がまだまだ確立されておらず、公平さの問題やどのように福利厚生に落とし込んでいくのかも各企業は悩んでいると思う。

例えば弊社では、実証中に自然豊かな場所で社員が転倒したことがあり、幸い大事には至らなかったが、その出来事を見ていた参加した総務担当者より実施時の労災についての制度設定についてフィードバックがあった。他にも費用負担の割合、移動や拘束時間の考え方など、様々な要素の実証を重ねて埋めていかなければならない。

しかし実際にはパイロット試行でも良いのでやってみると良いと考えている。ポジティブな部分が勝るため、ワーケーション制度導入を推進しやすくなる。やってみるとわかる部分も多く、やらないと進まない。弊社はこの2年で議論を重ねながらも、社員の35％がワーケーションを経験し、役員、上長、中間管理職の80％は経験者となった。推進にはトップが発想を転換することも大切なのではないか。

JALグループ　ワーケーション推進担当者　コメント

普段、ワークスタイル研究会の活動の中で、日常的に「地域の魅力に触れる」、「地域を知る」という話をしているが、今回の経験で、その本質に触れることができた。それは、このワーケーションを通じて、地域に誇りを持ってこだわりを貫き通し、地域資源を活用したビジネスをされている方々やエコツアーを運営するホストとの交流により多くの気づきを得たことである。これは東京のオフィスでは決して学ぶことはできないこと。このワーケーションの時間の尊さについて、再認識させられた。

また、ワーケーションは、社員のコミュニケーションの活性化にも寄与すると考えている。ワーケーションを通じて、上司や仲間の日頃オフィスでは見られない新たな一面を見ることができ、そうした環境において共に体験を共有し、語り合うことで、オフィスでの仕事だけでは生まれなかったコミュニケーションが芽生える。このような活動の継続により、企業におけるエンゲージメントの向上などにも繋がると考えている。

＊モデルリンク：On Trip JAL　https://ontrip.jal.co.jp/tokai/17573756/p2

富士宮市役所　ワーケーション推進担当者　コメント

富士山と仕事をしよう！

パソコン画面から、ふと視線を上げれば、そこには大きな富士山が現れる。

きれいな小川が流れる里山や、のんびり草を食む牛の群れ、手つかずの自然が残る国立公園など、富士山をはじめとした自然の偉大さを体全体で感じられる富士宮市は、「非日常」に溢れている。

また、富士宮市には、都会では出会うことが出来ない、地域を愛し、地域で活躍する個性豊かな人たちが多くおられる。

だからこそ、この恵まれた自然環境とそこで活躍している人たちとの交流を通じて、普段のオフィスや会議室、デスクと違い、働く人の個性を引き出し、クリエイティブな力を発揮してもらえるのだと思う。

この地ならではのワーケーションを、多くの皆さんに体験していただき、雄大な富士山とともに良い仕事をしてもらいたいと心から願っている。

有機野菜収穫体験

環境省（富士箱根伊豆国立公園）　担当者コメント

参加者のコメントを伺い、国立公園とワーケーションの親和性が高いことを再認識した。

全国の国立公園でもワーケーションを進めているが、日本の国立公園の多くは公園内に人が住み、そこに生活や文化があることが大きな特徴であり魅力だと考えている。ホスト側は「働く環境」を提供するだけでなく、その場所でワーケーションを実施する価値を考え、提供することが重要だと考えている。

ワーケーションを通して、国立公園ならではの自然体験だけではなく、地域の人とつながることで、参加者にとって「特別な場所」になっていくのではないだろうか。そしてそれがきっかけとなり、企業や参加者の方々が新しい視点で、地域の人たちと連携し、課題を解決し、活動することで地域の魅力がより向上していけたら素晴らしいことだと思う。

受入側（一般社団法人エコロジックおよびMt. FUJI SATOYAMA VACATION代表）コメント

ホスト側として、最も大切なことはコンセプトの整理をしっかりと行っておくことだと考えます。企業側が何を求めているかに合わせるのではなく、まず自分たちがどのような体験や場を提供し、ゲストにどのような「気付き」を持ち帰ってもらいたいかという点からデザインを進め、それを企業側に発信することだと思います。私たちのグランピングサイトは、富士山をファシリテーターと位置づけ、できるだけ屋外、屋内空間を自由に使ってもらうことで、楽しく、それぞれが気持ちよく仕事をし、ゲストが共に学びを得られるように工夫しています。

やはり、改めて地域で仕事をされる職人さんたちと出会うエコツアー体験は、ワーケーションとの相性が非常に良いと感じてました。国立公園や里山の自然の中で、地域の方々と参加者の方々がただ出会うだけでなく、私たちのような地元で暮らす地域コーディネーターがその触媒となることで、より大きな化学反応が得られ、企業や参加者にとっても、より価値ある成果が得られると考えています。

ワーケーション。の
はじめかた

キャンピングカー株式会社
頼 定 誠

一般社団法人エコロジック代表
新 谷 雅 徳

技術評論社

監修者のことば

　「ワーケーション」は「WORK」と「VACATION」を組み合わせた新しい造語で、旅行先で休暇を楽しみながら働く新しいスタイルです。

　ここ10年ぐらい日本においては、働き方改革が叫ばれています。昨今、ワーケーションがこの働き方改革の一環として導入され始めていますが、まだまだ浸透しているとは言い難いと思います。

　この書籍は、企業の人事担当者や各部門のリーダー、経営幹部の方々を対象読者としています。主に第1章から第6章までは、ワーケーション制度を導入する企業側の立場で書かれています。ワーケーションの運用を1からどうやればよいのか、導入の際のリスクにはどういったものがあるのかなど、まったく未経験の企業の導入担当者の期待に応えていけるような構成になっているはずです。

　本書は、ワーケーションという新しい制度の導入をいたずらに煽る意図はありません。企業がなにか新しい制度を導入する際には、当然のようにさまざまなリスクや懸念事項が発生するはずです。特にワーケーションというまったく新しい制度の導入においては、企業人事を中心とする働きやすい環境作りや今後のリクルーティング活動など、重要な企業戦略に影響してくると考えられます。

　一方、ワーケーションを受け入れる側、つまり民間施設、自治体が提供す

る施設およびそれらを取り巻く環境側についても、慎重に考える必要があります。本書でも最終章で触れていますが、ワーケーション実施者が事故なく安心して仕事および休暇を楽しめる環境を作っていける体制作りに注力していくことが肝要です。地方創生やSDGsという新しい言葉に踊らされることなく、あくまで訪れる方々の働き方改革を常に念頭に置くように心がけるべきなのだと思います。

　企業によっては、コロナで拡大したリモートワークという新しい制度が定着してきているところも少なくありません。リモートワーク導入時にも、企業の人事部門は、人事制度の根幹である就業規則の変更作業に苦労されてきたかと思います。ワーケーション制度の導入に際しては、リモートワーク制度の導入以上の労力を要するかもしれません。また、ワーケーション制度導入により、企業が求める生産性の向上が本当に実現できたのかどうかの評価がわかるまでには時間が必要でしょう。

　本書が、ワーケーション制度を新たに導入し、滞りなく制度運営していく方々への支援の1冊となることを強く願っています。

2023年1月
早稲田大学ビジネススクール教授
早稲田大学IT戦略研究所所長

根来　龍之

はじめに

　「来月から我が社にワーケーション制度を導入してみてくれ」と経営トップに言われたら、あなたならどうしますか？

　ワーケーションは2000年に入って米国から始まったと言われ、ワーク（Work）とバケーション（Vacation）を組み合わせた造語です。ワーケーションを企業の経営戦略の1つとして捉え、積極的に導入を進めている経営者もいます。また、ワーケーションは政府の重要政策である「働き方改革」と「地方創生」の2つの流れの交点として考えられており、大企業やIT系ベンチャーを中心に、導入の検討が急速に始まりつつあります。

　働き方改革関連法の一環として政府が有給休暇の取得を義務付けたこともあり、従業員の有休休暇取得を奨励する企業が急増してきています。しかし、実際は仕事が忙しくて有給休暇を取得できないビジネスパーソンも少なくありません。その解決策の1つとして、今スポットが当たっているのがワーケーションです。すでにパイロット導入している企業も増えてきており、国内だけでなく海外でも、休暇取得の間にリモートワークを行う事例が増えています。

　従業員としては、実業務に支障をきたすことなく休暇を取得することができ、かつ家族旅行も一緒に可能となるなど、ワーケーションは有効な働き方改革の1つになっている事例も出てきています。ワーケーションのメリットとして、リフレッシュしながら実務を行うことができ、新たなアイディア発

想の場になっている人もいます。副業、2拠点／多拠点生活、タイムシフトなど、政府や大企業が主導となり、働き方改革が急速に進んでいくことが考えられます。

　ただ、まだまだワーケーションには反対の企業の経営者や人事部の方もいます。業務と遊びの線引きができていない、情報セキュリティが心配であるなど、さまざまな点で各企業がそれぞれ規定を決めない限り、ワーケーションを進めることができないという声もちらほら聞こえてきているのが実情です。

　本書は、企業がワーケーションを導入する際に必要な実務をフェーズ毎に時系列で紹介しています。ワーケーションの概要から、検討・導入・運用・リスクマネジメント・検証まで、導入実務全般を網羅的に理解するための1冊として構成しています。

　本書が、ワーケーションを推進する企業のトップや実務責任者、また、ワーケーションの受入側である施設オーナーや運営責任者の方々の一助になれば幸いです。

2023年1月

キャンピングカー株式会社　代表取締役社長　頼定　誠

社団法人エコロジック　代表理事　新谷雅徳

# この本の構成

1章　ワーケーションとはなにか?

この章では、ワーケーションとはなにかを解説します。ワーケーションの定義やメリット、バリエーションや将来性など、いずれもワーケーションを導入する上で知っておくべき、重要な知識となります。

2章　ワーケーションの導入検討

この章では、ワーケーションの導入を検討する上で必要になる知識を解説します。導入目的の明確化や、社内での合意形成の取り方、導入時に生じやすい課題などを紹介します。

3章　ワーケーションの事前準備

この章では、ワーケーションの導入が決まったあとの、事前準備の方法を解説します。社内外への導入の意思表示や、承認の取り方、ICT環境の構築や知っておくべき労働法規などを紹介します。

4章　ワーケーションの実施プロセス

この章では、ワーケーションを実施する上で決めておくべきことについて解説します。ワーケーションの対象者、期間、実施場所、セキュリティ、導入責任者の任命方法などを紹介します。

5章　ワーケーションのリスクマネジメント

この章では、ワーケーションを実施する上で考えておくべき、リスクマネジメントについて解説します。労働時間管理、人事評価、セキュリティ、事故にまつわるリスク管理について紹介します。

6章　ワーケーションの効果検証

この章では、ワーケーションを実施したあとの効果検証について解説します。事前の目標設定や、定量的な評価と定性的な評価、アンケートの実施や改善案の検討方法などを紹介します。

7章　ワーケーション誘致のポイント

最後の章は、ワーケーションを受け入れる側の視点に立ち、企業誘致のポイントについて解説します。受け入れ体制の整備や環境整備、施設の運用方法、アクティビティコンテンツなどについて紹介します。

Interview

巻末では、ワーケーションに関わる様々な人達のインタビューを掲載しています。研究者、ビジネスパーソン、地方自治体など、様々な立場からの知見を獲得していただければと思います。

目次

Contents

1章 ワーケーションとはなにか?

2章 ワーケーションの導入検討

3章 ワーケーションの事前準備

目次

6章 ワーケーションの効果検証

7章 ワーケーション誘致のポイント

目次

Interview

JR東日本スタートアップ株式会社　マネージャー
阿久津　智紀

富士宮市　企画戦略課　地域政策推進室　室長
佐野　和也

1章

ワーケーション
とはなにか?

1

ワーケーションってなんだろう?

働き方の変化

　本書を手に取った皆さんは、「ワーケーション」という言葉をニュースメディアや社内の上司、同僚から聞いたことがあるかと思います。政府が主導で進める「働き方改革を推進するための関係法律の整備に関する法律案」いわゆる「働き方改革関連法案」が、2019年4月1日からスタートしました。そもそも「働き方改革」とは、老若男女多様な人材が活躍できる「一億総活躍社会」を実現する取り組みの一環として、従来の働き方とは異なるワークスタイルを取り入れることを指しています。

:: 政府の働き方改革

こうした政府の働き方改革により、有給休暇の取得やリモートワークが推奨されるなど、社員の心身のリフレッシュを目的とする具体的な施策が急速に進んでいます。さらに「オフィスビルに行かなくても仕事はできる」という新しい考え方が、この数年で急速な広がりを見せています。こうした官民によるリモートワーク促進と休暇取得推奨という流れの中、最近注目を集めているのが「ワーケーション」なのです。

「ワーケーション（Workation）」とは、「Work（仕事）」と「Vacation（休暇）」を組み合わせた造語で、「リゾートホテルや地方のキャンプ場など、いつもの職場や自宅とは異なる場所で働き、同時に休暇取得も行う新しいスタイル」を意味しています。ワーケーションをどこで実施するかは、原則、プロジェクトチームや個人が主体的に選択することができます。

第1章では、ワーケーションとはなにかを中心に解説していきます。どちらかというと概念的な説明が多くなりますが、第1章の内容はみなさんが会社内のワーケーション推進担当者として、ワーケーションが生まれた背景やワーケーション制度を導入する意義を経営層や上司、同僚に説明する時にとても重要になる内容です。ぜひ、社内だけでなく外部の取引先や家族にもわかりやすく説明できるよう、基本的な知識を身につけておいてください。

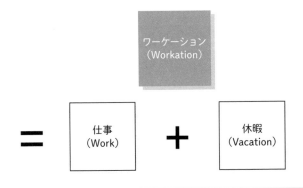

:: ワーケーションとは

2

ワーケーションのメリット

● ワーケーション利用者の5つのメリット

　ワーケーションという新しい働き方が生まれた背景には、政府主導による、リモートワークの促進と有給休暇取得の促進があるという話をしました。それでは、ワーケーションを利用する側、すなわち企業とその社員には、具体的にどのようなメリットがあるのでしょうか。ここでは、ワーケーション利用者が得られる5つのメリットについて紹介していきます。

①中長期の休暇が取りやすくなる

ICTの急速な発展により、リモートワークがかんたんに行えるようになりました。通常のオフィス環境から離れたところから、ZoomやTeamsなどのビデオ会議システムを使って会議や打ち合わせに参加することができます。休暇を交えながら、どこで仕事をしてもよいというワーケーション制度によって、短期はもちろんのこと、中長期の休みも取りやすくなるはずです。

②家族と過ごす時間の増加

ワーケーションの参加形態は、多くの場合、社内のプロジェクトチーム数名単位か、個人で実施することがほとんどです。各企業の規定にもよりますが、家族やペットを連れてリゾート地や地方のキャンプ場などに行くことも可能です。そのため、ワーケーション中の仕事以外の時間は、家族と過ごす時間として確保できるようになります。

:: 屋外でのワーケーション実施の様子

③社員のモチベーションアップ

ワーケーションの導入により、休暇を取りやすくなったり、家族との時間を確保できるようになったりすると、社員のモチベーションアップにもつながります。また、ワークライフバランスを重視する昨今、ワーケーションという最先端の制度を取り入れている企業ということで、自分が所属している会社に対するロイヤリティが高くなることも期待されます。

④新しいアイデアの創出

自然豊富な地方のリゾート地という非日常空間で仕事を行うことにより、新しいアイデアの創出など、生産性向上につながることが期待できます。特に、普段、都心のビルの会議室でアイデアを模索しているような企画部門や新規事業開発部門にとっては効果的です。

⑤リクルーティング効果

昨今のビジネスパーソンが求める働き方に対する取り組みに、ワークライフバランスがあります。特に若年層は、仕事も重要だが、プライベートも充実させたいという考えを持つようになってきています。先進的なワーケーション制度を導入していることは、こうした新入社員や中途入社候補者に対するリクルーティングの方策として十分にアピールできる制度です。

> ①　中長期の休暇が取りやすくなる
>
> ②　家族と過ごす時間の増加
>
> ③　社員のモチベーションアップ
>
> ④　新しいアイデアの創出
>
> ⑤　リクルーティング効果

:: ワーケーションのメリット

3

ワーケーションとテレワークのちがい

テレワークとなにがちがうのか？

　最近の通信環境やPC、会議ソフトなど、ICT環境の急速な普及によって、PC
が1台あればどこでも仕事ができる、つまりテレワークを実現できる環境が整い
つつあります。なかにはオフィスにはほとんど行かず、自宅でのテレワークが当
たり前になってきている企業の数も増えています。それでは、こうしたテレワー
クに対して、ワーケーションはどのようなちがいがあるのでしょうか？　ここで
は、ワーケーションとテレワークのちがいについて、参加者の視点から考えてみ
ましょう。まずは次ページの表をご覧ください。

　まず、ワーケーションとテレワークのもっとも大きなちがいとして、ワーケー
ションが仕事とバケーションを行うものであるのに対し、テレワークは仕事のみ
であるということがあります。また、その主な目的が、ワーケーションではリフ
レッシュや生産性向上等であるのに対し、テレワークは通勤時間の削減や職場で
の感染予防対策であるというちがいがあります。

　また、それぞれの実施場所も異なります。テレワークの実施場所は、原則自宅
になります。最近ではビジネスホテルチェーンが個人のテレワーク向け格安プラ
ンを提供・販売していますが、実際の利用者はごくわずかです。一方、ワーケー
ションの活動エリアは、自宅やオフィス以外の場所になります。先行事例を見る
と、リゾート地のホテルやアウトドア施設に人気があるようです。

　さらに主体となるメンバーは、テレワークの場合は個人になりますが、ワー
ケーションの場合は個人だけでなく、部門・部署やプロジェクト単位の複数名で
参加することがあります。

	ワーケーション	テレワーク
実行内容	仕事と休暇の融合	仕事
主目的	休暇取得促進 リフレッシュ 生産性向上（発想転換） チームビルディング	業務効率化 （通勤時間削減） 感染予防
ロケーション	リゾート施設 キャンプ場(グランピング施設) 保養所	自宅
メンバー	部署・プロジェクト単位 個人 家族同行もあり	個人
ステーク ホルダー	企業 - 従業員 自治体・リゾート施設 各アクティビティ提供者	企業 - 従業員（個人）
関連 マーケット	成長市場（多種多様） 旅費・宿泊費・食事代・アクティビティ費が都度発生	成熟市場（限定的） デスクやモニターを一度購入したら数年間は利用する
政府の狙い	有給休暇取得促進 地方創生	感染予防

　このように参加者の視点から1つ1つを比較するだけでも、ワーケーションとテレワークはまったく異なるものであることがわかります。そして、これまでにテレワークに関する新しいマーケットが着々と育ってきたのと同じように、ワーケーションに関するマーケットに関しても、広がりが生まれていくことが期待されます。特に、地方自治体や旅行会社が毎月のようにリリースを発表し、新しいワーケーション施設が次々と生まれてきています。今後、ワーケーションの普及に伴い、ワーケーションのマーケットが拡大していくことは確実です。

　なお、テレワークに似た言葉に「リモートワーク」という言葉があります。厳密には、この2つの言葉は異なる意味を持ちますが、世の中で利用されている意味合いはほぼ同じです。そのため、本書ではテレワークとリモートワークを同義語として取り扱います。それぞれの言葉の厳密な定義については、巻末の用語集をご覧ください。

4

ワーケーションのバリエーション

ワーケーションの「期間」「参加者」「場所」

　将来のマーケットの拡大が期待されるワーケーションですが、その普及はまだまだ途上段階です。そのため、ワーケーションの定義も人によって大きく異なります。そして、一口にワーケーションと言っても、そこにはさまざまなバリエーションが考えられます。例えばこれからワーケーションの導入を検討するといった場合、下記のような項目について決定しておく必要があります。

　　・何日間実施するのか？
　　・何名で参加するのか？
　　・家族は連れて行っていいのか？
　　・どこで実施するのか？
　　・仕事とバケーションの比率は？
　　・経費の負担比率は？
　　など

　中でも下記の3つの項目は、ワーケーションの導入を検討する上で非常に重要です。以下で、それぞれについて詳しく解説していきます。

　　①ワーケーションの期間
　　②ワーケーションの参加者
　　③ワーケーションの実施場所

:: ワーケーションの重要な3要素

①ワーケーションの期間

　まずは、ワーケーションの期間のバリエーションです。ワーケーションの期間は、数日間から1週間、3ヶ月以上まで、短期から中長期間までのさまざまなバリエーションがあります。最近では、定額料金で複数の提携施設の中から数か所を巡りながらワーケーションを実施できるプランを提供している企業も存在します。各企業や個人の目的によって、ワーケーション期間を定めるのがよいでしょう。

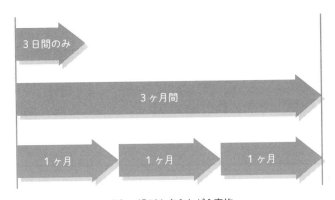

1ヶ月毎に場所を変えながら実施

:: ワーケーションの期間バリエーション

また期間という観点から見ると、ワーケーションに似た用語にブリージャー（ブレジャーともいう）というものがあります。ブリージャー（Bleisure）は、ビジネス（Business）とレジャー（Leisure）を合わせた造語で、通常の出張期間を延長して休暇を取得し、レジャーを楽しむ出張スタイルのことです。ブリージャーは日本での普及は進んでいませんが、欧米を中心に新しい出張スタイルとして浸透しつつあります。

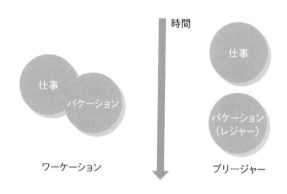

:: ワーケーションとブリージャーのちがい

②ワーケーションの参加者

　次に、ワーケーションの参加者のバリエーションです。日本のワーケーションの先行事例では、プロジェクトチーム単位や部門部署単位の数名で実施するケースが中心になっています。また、日本ではまだ少ないですが、個人1人でワーケーションを実施するケースも存在します。欧米のフリーランスを中心に、リゾート地に1人で中長期間滞在したり、国内だけではなく国外も含めてさまざまな観光地やリゾート地を巡ったりしながらワーケーションを実施する人々も出てきています。将来的には、日本ならではのワーケーションとして、全国の温泉地を巡りながら仕事をしたり、休暇を取得したりする形態も人気が出てくるかもしれません。

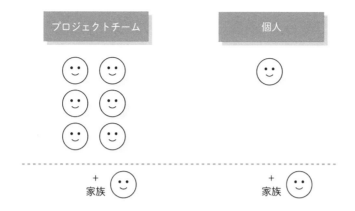

:: ワーケーションの参加者バリエーション

　さらに、ワーケーションの特徴の1つとして、家族が最初から同行したり、仕事の区切りのよいところで合流したりといったケースもあります。例えば凸版印刷では、子供もワーケーションに参加し、充実して過ごすことのできる、オンライン×フィールドワークを一体化した新しい学びのプログラムを開発しています。同社によると、本プログラムを通して「子どもの学び」にとっての魅力的なコンテンツを整備することで、家族単位で充実したワーケーション施策の実現を目指すとともに、従来とは異なる新しい層の観光客を誘致し、地域の活性化を支援していくことを最終的な目標としているということです。

　また、家族だけでなく、ワーケーション途中に知人と落ちあい、一緒に食事をしたりするといった新しいワーケーションのケースも欧米では出てきているようです。

③ワーケーションの実施場所

　3つ目のワーケーションの実施場所については、現在、全国各所で施設開発が行われており、施設のバリエーションも急増してきています。ワーケーション実施場所の選び方については後述のワーケーション導入検討フェーズや事前準備

フェーズで詳しく触れますので、ここでは実施場所のバリエーションをかんたんにご紹介したいと思います。

ワーケーション施設を大別すると、自然型と都市型の2つに分けることができます。この2つのどちらを選ぶかは、仕事を中心に考えるのか、バケーションを中心に考えるのかによって変わってきます。バケーションを中心に考える場合には、アクティビティプログラムが充実している自然型が人気のようです。

:: 凸版印刷によるオンライン×フィールドワークを一体化した新たな学びのプログラム
https://www.toppan.co.jp/news/2020/11/newsrelease_201113_2.html

また仕事の種類によっても、ワーケーション実施場所の選択肢が決まってくる場合があります。例えば新規事業開発部門やクリエイター部門の場合は、リフレッシュしながら新しいアイデアを検討できる、自然型のリゾート地を選択するのがよいかもしれません。企業の中には、保養所や研修施設を保有している場合もあるかと思います。ワーケーションの実施場所として、自社の保養所や研修施設を指定する企業も、今後は増えてくるのではないでしょうか。

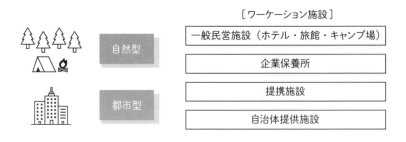

[ワーケーション施設]

一般民営施設（ホテル・旅館・キャンプ場）
企業保養所
提携施設
自治体提供施設

:: ワーケーションの実施場所

　さらに、ワーケーションというと都心の企業が自然の多いエリアに行くイメージが強いですが、今後は逆のケースも出てくると思います。例えば沖縄の企業が、ワーケーションとして幕張新都心エリアのホテルに滞在しながら、バケーションでは東京ディズニーランドや銀座、渋谷で遊ぶことを選択するケースも今後は十分に考えられます。

　また、企業と自治体が提携してワーケーション施設を開発・提供している事例も急増しています。なかでも2019年の11月にワーケーションを全国的に普及促進させることを目的として立ち上げられたワーケーション自治体協議会（WAJ：Workation Alliance Japan）は、協議会主催の情報交換会や会員自治体によるワーケーション体験会の実施、全国のワーケーションに関する統一的な情報発信手段の検討など、ワーケーションの普及と促進に向けた取り組みを検討・実施しています。ワーケーション自治体協議会のように、便利で新鮮な情報を提供してくれる団体やポータルサイトも、今後は増えていくでしょう。

∷ ワーケーション自治体協議会Facebookページ（https://www.facebook.com/WorkationAllianceJapan）

5

ワーケーションの将来と普遍化

● ワーケーションが当たりまえの働き方の1つになる?

　この章では、ワーケーションとはなにかについて、基礎的な解説を行ってきました。しかし、ワーケーションはそれ自体の定義がまだ曖昧で、かつ多くのバリエーションが存在しています。また、個々の企業によって、考え方もさまざまです。さらに、新しい経営戦略や新しい人事制度として、今後ワーケーションが企業の一制度として採用されていくことが予想されるものの、この制度が恒久的に定着していくかどうかは未知数です。

　1987年、政府の労働基準法改正をきっかけとして、1988年4月に「フレックスタイム」という働き方の制度が導入されました。フレックスタイム制度は、「一定の期間についてあらかじめ定めた総労働時間の範囲内で、労働者が日々の始業・終業時刻、労働時間を自ら決めることのできる制度」です[1]。

　フレックスタイムは「仕事と生活の調和を図りながら効率的に働くことができる」というすばらしい制度として施行されましたが、当初、日本の企業ではなかなか導入が進みませんでした。また、2019年4月には精算期間がそれまでの1ヶ月から3ヶ月に延長されるというフレックスタイムの制度改正があるなど、何十年ものちに制度が見直されることもあります。経団連の調査によると、現在フレックスタイム制度を導入している企業は、全体の約40%を占めるまでになっています[2]。

※1　https://www.mhlw.go.jp/content/000476042.pdf（厚生労働省HP）
※2　https://www.keidanren.or.jp/policy/2019/076.pdf

フレックスタイム制度 1988年	ノー残業デー

世の中に浸透するのに約10年を要した

ワーケーション制度

:: ワーケーション制度の浸透

　このように、民間企業の働き方に関する制度の導入には長い時間を要する場合もあります。また、大企業から中小企業まで、すべての企業に導入されるということも考えにくいでしょう。ワーケーションという新しい制度も、フレックスタイム制度やノー残業デー制度のように、法律上の強制力がなく、各企業が任意で導入するものとなります。こうした制度は、その浸透に少々時間がかかるかもしれません。

　とはいえ、外資系企業や国内ベンチャー企業を筆頭に、このような新しい制度を率先して導入するところには優秀な人材を採用する力が生まれ、結果的に売上・収益力がアップしている企業が多数存在することも事実です。ビジネスパーソンにとって魅力的な人事制度は、その企業の近未来の経営を左右する、経営戦略にもなりうるものです。そのため、ワーケーション制度の導入に際しては、企業の人事部門だけでなく、経営層もじっくりと検討することが重要になると思います。

ニューノーマルとワーケーション

　本書を手に取った方は、「ニューノーマル」という言葉を聞いたことがあるのではないでしょうか。「新しい日常」「新しい常識」という意味で使われています。ニューノーマルという言葉が使われ始めたのは、1990年代の初頭にインターネットが普及し始めた頃と言われています。インターネット技術立国である欧米を中心に、検索エンジンや電子メールが世の中に普及し始めた頃です。インターネット出現以前は、書籍で物事を調べたり、手紙や電話を中心にコミュニケーションをとったりするのが当たり前でした。それがインターネットの普及により、新しいデジタル技術を利用して検索やコミュニケーションをとるという、まったく新しい生活者の行動変容が起こったのです。

　この頃から、インターネットが一般家庭へも急速に普及しました。そのような背景もあり、約30年後の現在、「働き方のニューノーマル」という言葉が飛び交うようになったのです。まさに、リモートワークという新しい働き方も浸透してきています。ICTを活用したオンライン会議や、非対面での接客も一般的になりつつあります。政府が推進する働き方改革では、2019年より「法定の年次有給休暇が10日以上与えられているすべての労働者に対して、年に5日の年次有給休暇を取得させる」ことが義務化されました。まさに、有給休暇を取得しやすい環境を推進するためにも、ワーケーション制度は非常に有効な手段になってくるでしょう。ワーケーションが、次世代の働き方のニューノーマルとして定着する日も遠くないはずです。

2章

2章

ワーケーションの
導入検討

1

ワーケーション導入の全体フロー

ワーケーション導入のポイント

　いよいよ第2章からは、実際のワーケーション導入について解説していきます。まずは、自社でワーケーションの導入を行うかどうかを検討するフェーズから解説を行います。具体的には、目的の明確化、合意形成、課題の把握、試行期間の検討の4ステップになります。

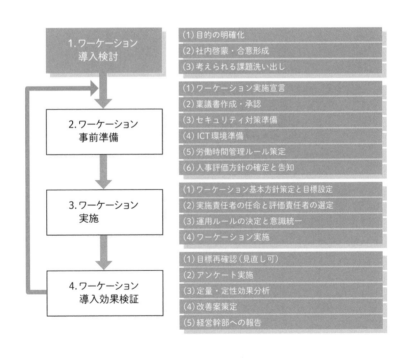

1. ワーケーション導入検討
- (1) 目的の明確化
- (2) 社内啓蒙・合意形成
- (3) 考えられる課題洗い出し

2. ワーケーション事前準備
- (1) ワーケーション実施宣言
- (2) 稟議書作成・承認
- (3) セキュリティ対策準備
- (4) ICT環境準備
- (5) 労働時間管理ルール策定
- (6) 人事評価方針の確定と告知

3. ワーケーション実施
- (1) ワーケーション基本方針策定と目標設定
- (2) 実施責任者の任命と評価責任者の選定
- (3) 運用ルールの決定と意識統一
- (4) ワーケーション実施

4. ワーケーション導入効果検証
- (1) 目標再確認（見直し可）
- (2) アンケート実施
- (3) 定量・定性効果分析
- (4) 改善案策定
- (5) 経営幹部への報告

:: ワーケーション導入の全体フロー図

2

ワーケーションの目的の明確化

ワーケーション導入の目的を考える

　企業に新しい制度を導入するには、精緻な準備が必要となります。また企業規模が大きければ大きいほど、いったん導入した制度を中止することは難しくなります。そういった意味でも、ワーケーション制度の導入は慎重に行わなければなりません。

　ワーケーションは、一面では他社との差別化施策のための経営戦略となりうるものです。同時に、社員のための福利厚生でもあります。ワーケーションのバリエーションとして、仕事よりも休暇を中心に考える場合は、なおさら福利厚生の要素が強くなるでしょう。政府の働き方改革に応える形で、企業の社会的責任の一貫としてワーケーションを導入するという側面もあるでしょう。また、社員に喜んでもらえる魅力的な人事制度を取り入れたいという目的もあると思います。

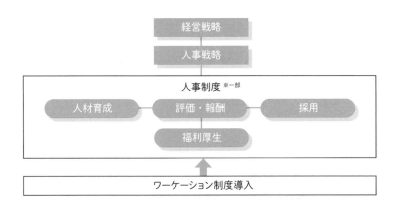

:: 経営戦略としてのワーケーション

このように、ワーケーション導入の目的は、大まかな方向性こそどの企業も同じであるものの、細かな目的となると、さまざまなものが想定されます。その細かな導入目的を事前に決めておくことが、後々の効果検証フェーズを効率的に進める上でも重要です。そこで、ワーケーション導入の目的を明確化する上で、最初にその目的が下記のどちらの項目に当てはまるかを考えてみるとよいでしょう。

①従業員エンゲージメントの向上
②仕事の効率化やクオリティの向上

　①の「従業員エンゲージメント」のエンゲージメント（engagement）とは、本来「約束、契約」という意味を持つ言葉です。そして従業員エンゲージメントは、会社への愛着度、信頼度や貢献意欲を表したものになります。この従業員エンゲージメントの度合いを定量的に計るための、エンゲージメントスコアというものもあります。戦略人事系のコンサル企業が、アンケート形式でその企業のエンゲージメントスコアを測定してくれるしくみを提供しています。具体的なワーケーション導入の目的を社員の離職率低下、社員の自立性や主体性アップとする場合は、この従業員エンゲージメントの向上に当てはまります。

　②の仕事の効率化やクオリティ向上には、プロジェクトの円滑な進行や新商品開発のスピードアップなどが当てはまります。特に、自然豊かな場所でのワーケーションは頭のリフレッシュができ、クリエイティブな仕事も活性化するのではないでしょうか。

　ワーケーション導入の目的は、最終的に経営層に簡潔に説明できるようにしておかなければなりません。後の章で詳しく説明しますが、目的を掲げるからにはその目的の達成度が問われます。その達成具合を測ること、すなわちその効果測定も視野に入れながら、具体的な導入目的を設定しましょう。

ワーケーションの導入目的例

有給休暇取得率向上	離職率低下
社員の自立性・主体性アップ	プロジェクト推進スピードアップ
新商品開発数目標達成	新規事業成功率アップ

↕

大目的　働く人にとって魅力的な人事制度

:: ワーケーションの導入目的

3

ワーケーション導入の合意形成

コンセンサスは取れていますか?

　会社に新しい制度を導入する時は、事前にその会社の経営層はもちろんのこと、管理職や関係する一般社員に対しても合意形成を得ることが重要となります。合意形成とは、ある取り決めに関わる利害関係者(ステークホルダー)との間で意見を一致させることを言います。最近では、合意形成のことをコンセンサスという場合もあります。

　ワーケーション制度を導入する際には、人事部が主体となる場合はその人事部のワーケーション推進責任者が、経営層、関係する総務部、経理部、広報部、その他、各部署長に事前に説明し、理解を得ておく必要があります。また、ワーケーションの導入における初期フェーズでは、一見直接関係ないように見える部署の長にも事前説明をしておく必要もあります。それは、ワーケーション制度が今までにないまったく新しい制度であり、今後どの部署に影響が出るかが事前にわからないケースが多いからです。

合意形成(コンセンサス)

:: ワーケーション導入の合意形成

　また、あなたが人事部のメンバーではない場合は、必ず人事部と一緒にタッグを組んで導入推進を行ってください。すでにご存知の通り、ワーケーション制度そのものが人事制度と密接に関わってくるからです。人事部を味方につけて、社内全体の合意形成を目指してください。

　社内の合意形成を得るためにもっとも効果的なものとして、他社の先行事例があります。ワーケーション事例に関する書籍やセミナーはまだ多くありませんが、Webを利用したオンラインセミナーも増えており情報取集は可能です。オンラインセミナー検索の代表的なサイトとして、「Peatix（ピーティックス）」があります。最近は、ワーケーションに関するオンラインセミナーだけでなく、リアルな場でのセミナーも紹介されています。セミナーを受講する場合も、人事部や経営幹部も誘って一緒に受講することが、早期合意形成への近道となるでしょう。

:: Peatix（https://peatix.com/）

4

ワーケーション導入時の課題

まだ少なくないワーケーション導入時の反対意見

　次に、ワーケーション導入時の課題について考えていきましょう。ワーケーション制度をこれまで試験的に導入してきた企業でも、その導入効果はまだまだ賛否両論あるのが実情です。試験的にワーケーションを導入している企業にインタビューを行った際の意見をもとに導入時の課題を挙げると、下記の4つに分類されます。ワーケーションを導入するにあたっては、これらの課題についてあらかじめ理解し、解決策を練っておくことが重要です。

現在、ワーケーション反対派も少なくない

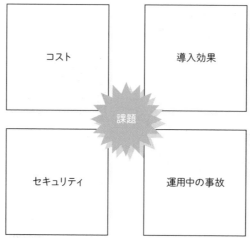

:: ワーケーション導入時の課題

✔️ ワーケーション導入効果について

　ワーケーション導入時のもっとも大きな課題となるのが、ワーケーションの導入効果を事前にどのように説明できるのか、ということです。ワーケーションの導入効果に対しては、下記のような意見が考えられます。

- ・仕事と休暇の線引きが曖昧にならないか？
- ・ワーケーションできない社員から不満が出るのでは？
- ・導入効果はどうやって測るのか？

　仕事をしながら休暇もセットで取得するということで、労働時間と休暇の線引きが曖昧になってしまわないのか、という意見があります。また、ワーケーション導入後の効果測定方法を事前に明確にするべきだという意見も多くありました。

✔️ ワーケーション導入、実施時のコストの問題について

　また、ワーケーションの導入、実施のためのコストに対しては、下記のような意見があがることが想定されます。

- ・導入時の初期費用はいくらなのか？
- ・休暇でのアクティビティ利用費用は誰が負担するのか？
- ・遊ぶ時間も含まれているのに往復交通費はどう案分するのか？
- ・全額個人負担でも、制度を利用する者はいるのか？

　ワーケーションが何なのかがわからない人からすると、初期費用が必要なのか、必要ならどれくらいの費用がかかるのかについて、疑問を持つかもしれません。その他、仕事と休暇を混合する制度のため、往復の交通費負担はどう案分するのか、出張手当はどう取り決めるのかについても、事前に決めておくことが必要です。

✎ ワーケーション実施中のセキュリティ問題について

そして、IT企業を中心に意見が多く出ているのが、ワーケーション実施中のセキュリティに対する課題です。具体的には、下記が挙げられます。

・施設のWi-Fiのセキュリティは大丈夫か？
・機密情報の入ったPCを持っていくのか？
・リモート会議の内容を他人に聞かれないか？

特に、ワーケーション実施施設がその企業の研修施設や保養施設ではない時の通信回線のセキュリティに対する課題があります。PCそのものの盗難や使い方、通信上の脅威に対する脆弱性が存在すると、企業のイントラネットに侵入されての情報漏洩の可能性も否定できません。

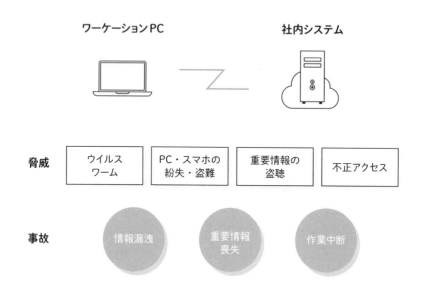

※総務省Webサイト掲載図を改変（https://www.soumu.go.jp/main_content/000545372.pdf）

:: ワーケーション導入時の課題（セキュリティ）

☑ ワーケーション参加中の事故の扱いについて

　最後に、ワーケーション参加中に発生した事故の扱いについての課題があります。具体的には、下記のような課題です。

- ・往復路の自動車の利用は可とするか？
- ・往復時に事故にあった時は労災扱いか？
- ・休暇時のアクティビティの事故の扱いは？

　特に都心の大企業の場合、車での通勤が禁止されていたり、出張時のレンタカーの利用は事前に許可が必要になったりしている場合が多いかと思います。そのため、ワーケーション導入時にも公共交通機関のみに移動を限定したり、車やバイク移動の際は事前の許可を義務づけたりといったルール作りが必要となります。

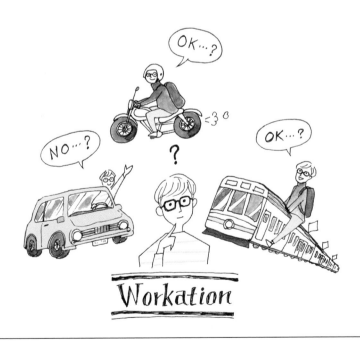

:: ワーケーション導入時の課題（労災の扱い）

そしてもっとも意見が多かったのが、自動車やバイク等の利用時に事故に遭った場合の対応です。例えば4泊5日のワーケーションプランで、初日から3日目の夜までは仕事扱い、4日目の朝から5日目までが休暇で、往復自家用車での利用とします。帰りの道中に事故に遭ってしまい、運転手である社員が2週間の怪我を負ってしまった場合に、労災が適用されるかどうかが問題となるでしょう。

4泊5日のワーケーション

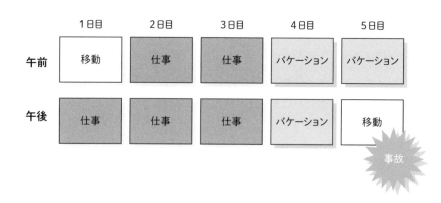

:: ワーケーション導入時の課題（帰宅時の事故）

　このように、ワーケーション導入時にはさまざまな課題も出てくるでしょう。それぞれの課題点の解決策については、第5章で詳しく説明します。ここでは、ワーケーション導入準備段階での、大きな課題点を理解できれば大丈夫です。

　ここで一例として、レンタカー利用時の申請書のサンプルを掲載します。このサンプルフォーマットの会社では、家族とともにワーケーションに参加する際の車の運転を社員本人のみに限定しています。さらに、加入する保険は対人・対物に関しては加入必須とし、利用料金やガソリン代の負担はワーケーション規定で定めた額を負担すると明記しています。このようなレンタカー利用による規定は、企業によって内容が異なるかと思います。その企業のルールに沿ったフォーマットをあらかじめ作成し、周知しておく必要があります。

レンタカー使用許可申請書 （ワーケーション用途）

申請日：	2023年1月10日
所　属：	新規事業開発部
役　職：	課長
氏　名：	斉藤　誠
ＴＥＬ：	090-12345678

使用日時	開始日	2023/1/17 9:00
	終了日	2023/1/22 18:00
訪問先		山梨県（富士山および富士五胡周辺）
想定移動距離		約　600km
同乗者		家族（妻・長男）　※当社規定により本人以外の運転は不可
レンタル店		東京レンタカー　新橋店
車両クラス		C1　コンパクトクラス（アクア・ノート他）
加入保険		安心プラン　　（※)対人・対物無制限必須
ワーケーション予定		仕事：2023/1/17-2023/1/18 休暇：2023/1/19-2023/1/22
確認事項（☑記入)		□ 免許証コピー　表面添付済 □ 免許証コピー　裏面添付済 □ 利用料金精算はワーケーション規定に従います □ 事故発生時は、警察・レンタカー会社・上長へ速やかに連絡します

承　　認			申請者
			斉藤

:: レンタカー利用申請書のサンプル

5

ワーケーション試行期間の検討

制度導入前の試行期間とリスクの軽減

　次に、ワーケーションを本格的に導入する前に重要となる、試行期間の検討について解説します。試行期間を設けることにより、ワーケーション制度が適切に運用できるかどうか、社員に受け入れられるかどうかを客観的に判断できます。特に、ワーケーション導入時の課題であがっていた懸念事項を検証することが、試行期間の重要な作業になります。もちろん、導入効果、コスト、セキュリティ、運用中の事故などを試行期間ですべて検証することは難しいでしょう。特に重要な検証項目である導入効果については、試行期間だけではなく段階的な検証が必要になります。

　ワーケーションの試行期間としてモニターを実施する場合は、以下の例を参考に期間や日数、回数を設計するとよいでしょう。

【ABC株式会社　ワーケーションモニター】
部署：新規事業部門
人数：6名
日数：4泊5日

試行期間を設ける際に必要な事前決定項目
①試行に必要な期間
②試行のための1回当たりのワーケーション日数
③試行期間中のワーケーションの回数

①試行に必要な期間は、ヒアリングによるとほとんどの企業が6ヶ月から1年くらいに設定しているようです。②試行のためのワーケーション日数は各企業によって考え方がさまざまですが、3泊4日（仕事2日、休暇2日）以上で設定するとよいでしょう。③ワーケーションの回数は、2回〜3回程度で十分かと考えます。

モニター実施でもっとも重要なポイントは、仕事の生産性が上がるのか下がるのかを知るということです。またそれに加えて、ワーケーションに潜むリスクも早期に知り、そのリスクを低減させることも大切です。ワーケーションに参加する人はもちろんのこと、ワーケーションに参加しない、参加できない社員への影響リスクについても、この試行期間に十分考える必要があります。

モニター実施後は、アンケート形式で参加者に回答してもらいます。アンケートを実施する上ではワーケーションのメリット・デメリットを中心に質問し、できるだけフリーコメントを書いてもらえるように促しましょう。こちらが予期しなかった回答を得られるかもしれません。アンケート設計の詳細については、専門書を読んでみてください。

アンケート例	回答方法例
ワーケーションを体験してよかった点	定量5段階 フリーコメント
ワーケーションを体験してよくなかった点	定量5段階 フリーコメント
ワーケーションを再度体験してみたいか	YES/NO フリーコメント（条件等）
ワーケーション制度は当社に浸透すると思うか	YES/NO フリーコメント（条件等）
ワーケーションを家族に理解してもらえると思うか	YES/NO フリーコメント（条件等）
ワーケーションを活用できそうな当社の部署はどこか	部署名 無し
ワーケーションを活用できないと思う当社の部署はどこか	部署名 無し

6

ワーケーション導入検討時のチェックリスト

導入検討時の重要なチェック項目

　この章の最後に、ワーケーションの導入を検討する上でのチェックリストを掲載します。ワーケーションの導入検討時には、各部門からさまざまな質問が出るかと思います。現時点で考えられる想定Q＆Aを列記し、関係部署との間で共有しながら、漏れがないように確認してください。ワーケーションの実行プロセスやリスクの細かい種類、解決策等は、次章以降で詳しく説明します。

	チェック項目	詳細・注意点
☐	目的の明確化	対経営幹部、対従業員
☐	社内外の合意形成方法	対象：経営層／管理部門／営業部門／開発部門／購買部門／宣伝広報部門／取引先／関連会社
☐	導入コストの見積り	概算コストを事前に試算
☐	想定される導入効果の確認	効果測定方法の説明も必要
☐	試行対象部署の選定	リモートワークでも効果が出ている部署を優先的に検討
☐	交通手段の検討	レンタカーを認めるかどうか
☐	試行期間の設定	適正期間を経営層と検討
☐	試行時の1回当たりの日数の設定	仕事2日以上、休暇2日以上を推奨
☐	試行回数の設定	適正回数を経営層と検討
☐	事故発生時の対応方法	緊急連絡先の共有
☐	試行後のアンケート設計	見えない課題を把握できるアンケート
☐	導入時の課題の把握	セキュリティ、労災の範囲など
☐	他社事例の収集	同業種の事例があればなおよい
☐	想定Q＆Aの整理	マニュアルの作成と事前共有

3章

ワーケーションの
事前準備

1

ワーケーション実施の事前準備

さまざまな事前準備項目

　第3章では、ワーケーションの導入検討が終わり、正式な制度として導入することが決まったあとの事前準備についてお話します。企業に新しい制度を導入するには、多くの準備が必要になるのは当然です。ワーケーション制度を新しく導入する際には、社内および社外への告知、社内稟議、セキュリティ対策準備、ICT環境準備、労務管理、人事評価など、数多くの準備事項があります。特にセキュリティ対策準備やICT環境準備などは、人事部だけでなく、他の部門横断型の作業となりますので、早め早めの準備が必要になります。

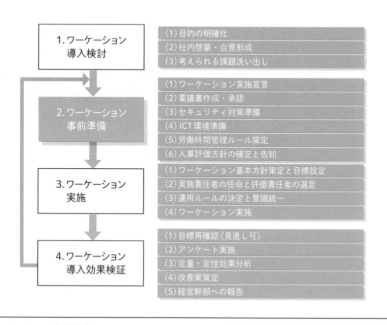

```
1.ワーケーション         (1) 目的の明確化
  導入検討             (2) 社内啓蒙・合意形成
                     (3) 考えられる課題洗い出し

                     (1) ワーケーション実施宣言
                     (2) 稟議書作成・承認
2.ワーケーション         (3) セキュリティ対策準備
  事前準備             (4) ICT環境準備
                     (5) 労働時間管理ルール策定
                     (6) 人事評価方針の確定と告知

3.ワーケーション         (1) ワーケーション基本方針策定と目標設定
  実施               (2) 実施責任者の任命と評価責任者の選定
                     (3) 運用ルールの決定と意識統一
                     (4) ワーケーション実施

4.ワーケーション         (1) 目標再確認(見直し可)
  導入効果検証          (2) アンケート実施
                     (3) 定量・定性効果分析
                     (4) 改善案策定
                     (5) 経営幹部への報告
```

:: ワーケーション事前準備

2

ワーケーション実施の意思表示

ワーケーションの実施を社内外に宣言する

　前章での導入検討が終了し、ワーケーション制度を経営幹部に認めてもらったら、社内外に対してワーケーション実施の意思表示を行います。前章の導入検討時の合意形成に内容は似ていますが、ここでの意思表示は、制度の導入を判断する関係者以外にも広く告知するフェーズになります。最近では、SDGsに関する対外的なリリースを打つケースも増えてきています。ワーケーション制度の導入は、まさにSDGsの17の分野別目標中、8番目の目標に密接に関わり合ってくると考えられます。

　ワーケーション制度の導入について、企業によっては社内だけでなく、対外的にプレスリリースを打つ方策もあるでしょう。こうした活動の告知が、企業のブランディングやリクルート活動の活性化に効果的に働く場合もあります。ワーケーションがスムーズに導入されれば、人材募集要項の福利厚生の1つとして明記することもできるでしょう。また副次的な効果としては、ワーケーション実施の意思表示を広く行うことにより、ワーケーション導入責任者として、もう後には引けないというプレッシャーをかける意味もあると思います。

:: ワーケーション実施の意思表示と効果

3

社内での承認の取り方・稟議書の書き方

ワーケーション制度導入の社内承認

　一般的な企業では、新しい備品の購入や新しい制度の導入の際には、経営層や管理職層の承認を得るために稟議書を上げるかと思います。これは、ワーケーションの導入時にも同様です。次ページに、ワーケーションの試行に関する稟議書のサンプルを提示します。ここでは、ワーケーション制度の導入を検討している人事部の部員が上司に向けて稟議を上げる場合を例に、最低限必要と考えられる稟議書の項目について説明します。企業によって稟議書のフォーマットや重要箇所は各々異なるかと思いますし、書類削減のため電子稟議書フローシステムを導入している企業も増えているかと思います。各企業の仕様に合わせて、稟議書を作成してください。

　なお、この稟議書内の費用項目はあくまで1人当たりの施設利用金額を明記したものです。移動手段としてレンタカーを利用する場合は、別途レンタカー利用申請書とそのレンタル料金や高速利用料金、ガソリン代の概算料金を明記する必要がある企業もあるでしょう。

　最近は、電子ワークフローの稟議システムの導入も各企業で浸透しているでしょう。しかし電子ワークフローは手軽さの反面、説明不足になりがちです。ワーケーションというまったく新しい制度の稟議申請の場合は、補足資料や上長への対面での内容説明を実施するとよいでしょう。

ABC株式会社　　2023年 1月 24日

稟 議 書	所　属	人事部 人事課
	氏　名	田中　稔

件　名	ワーケーション パイロット導入について	確　認	承　認	承　認

表題の件についてご検討いただきたく、ここにお願い申し上げます。

記

起案日	2023/1/24
希望決裁日	2023/1/31
目的	ワーケーション制度導入前の試行のため
内容	ワーケーションの試行を実施 ※試行の詳細内容は添付資料参照 <期待効果> ①ワーケーションの効果を検証できる ②ワーケーション制度の正式導入前の課題点を見いだせる ※効果詳細は添付資料参照
場所	マウントフジ里山バケーション （所在地：静岡県富士宮市狩宿8-2）
日程	2023/2/8 〜 2023/2/11　3泊4日間予定
参加者	新規事業本部　6名
費用	合計：税込540,000円　（90,000円/人）
添付資料	・ワーケーション試行計画書
備考	・移動手段としてレンタカー利用を許可 別紙：レンタカー利用申請書を参照 ・終了後　1週間以内にアンケート回答

:: ワーケーション試行のための社内稟議書例

各項目の注意点は、次の表の通りです。

項目	内容・注意点
件名	ここでの例はワーケーションの試行ですので「ワーケーションパイロット導入の件」としています。
起案日・希望決裁日	承認者が何名いるかによっても稟議の承認が完了する日が大きく変わる場合があります。起案は余裕をもって行いましょう。
目的	今回の目的を明記します。
内容	通常、稟議書本体には端的にわかりやすく書く必要があります。そのため、今回のワーケーション導入に関しては別添でワーケーションの初歩的な説明から取り組み方、導入効果、スケジュール等の詳細を明記しておくとよいでしょう。また、期待される効果も簡潔に明記します。稟議書本体には約100〜200文字程度で明確に書く必要がありますが、それだけではワーケーション導入効果を説明しきれないので、上記の稟議事項同様に別添で詳細な導入効果を書いておく必要があります。
場所	施設名だけでなく、住所も明記します。
日程	出発日と帰宅日を明記します。
参加者	部署名と人数を明記します。場合によっては全員の氏名を明記してもよいでしょう。
費用	ワーケーション試行に必要なコストを明記します。税込・税別も明確に。本格導入の稟議では、初期コストと年間のランニングコストも試算して書いておくとよいでしょう。ワーケーション試行に必要な備品等の購入先やサービスの発注先を明記します。各企業によっては、見積書の添付を求められるかと思います。相見積り書が必ず必要な企業もあるかと思います。
添付資料	上記稟議事項や効果の詳細を添付します。見積書やマスタースケジュールを添付する場合もあります。
備考	特記事項を明記します。
承認欄	各承認者の承認印欄です。電子稟議システムを利用する場合は、既存のしくみを利用します。

繰り返しになりますが、ワーケーションは仕事と私用の休みを利用した新しい勤務体系であると説明しました。経費利用に関する稟議書上の説明は、特に詳しく明記しておくとよいでしょう。

例として、午前中は仕事をして午後から私用で隣町のアクティビティ（ex：ヨガ体験・釣りなど）で休暇を楽しむ予定としましょう。細かい項目かも知れないですが、そのアクティビティ施設までの交通費を個人で負担するのかどうかも、事前に明確に宣言しておくとよいかもしれません。

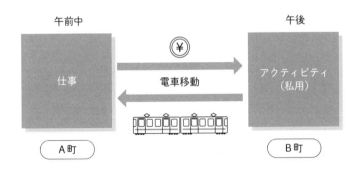

:: 経費の線引きを事前に明確にしておく

稟議書内での経費と言えば、これまでは仕事での利用が当たり前で、会社が全額負担をしていたでしょう。しかし、ワーケーションという制度の場合はそうとは限りません。

仕事と休暇の線引きがどうしてもあいまいなケースもあり、経費面ではどうしても業務用と私用を混同しがちかもしれません。不明瞭な部分はできるだけ事前に説明し、トラブルを未然に防止することも、新しい制度導入には重要な事務手続きの肝になるでしょう。

4

ICT環境の構築とセキュリティ

ワーケーションとICT環境

　テレワークが急速に普及した背景の1つとして、ICT（情報通信技術：information and communications technology）の浸透が挙げられます。ICTが浸透したおかげで、業務に必要なデータをクラウド上に置くことができ、日常的な業務や会議もすべてオンライン上で行えるようになりました。書類の電子データ化や、稟議・決裁業務などのペーパーレス化も進んでいます。例えば、資料の作成やハンコを押すためだけに出社しなければいけないといったケースも、かなり減ってきているのではないでしょうか。ワーケーションもまた、ICTの普及によって各企業が手軽に試すことができるようになりつつあります。

　ICTの普及によって、インターネット環境があれば、国内外を問わずどこにいても業務データへのアクセス、社内外の人々とのコミュニケーションが可能になりました。一方、ワーケーションの事前準備段階での懸念材料として、ICT環境の構築コストとセキュリティが挙げられるでしょう。

　ワーケーションに必要なICT環境は、テレワークに必要なICT環境とほぼ同じです。1点大きく異なるのが、テレワークの仕事環境が自宅（場合によってはサテライトオフィス）に固定されているのに対し、ワーケーションの仕事環境はホテルや保養施設、研修施設などさまざまであるということです。さらに、国内だけでなく海外でのワーケーションも視野に入れている企業にとっては、海外でのICT環境構築についても事前に考えておく必要があります。

∷ ICTの普及によりオンラインで仕事が完結するようになってきた

　ワーケーションに必要なICT環境としては、主に次のようなものが考えられます。

　　・Web会議システム…他の社員や取引先とのオンライン会議システム
　　・ファイル共有システム…他の社員とファイルを共有するクラウドシステム
　　・労務管理システム…リモートで勤怠管理できるシステム

　PCやタブレット、業務用のスマートフォンなど、紛失の可能性があるものは特に慎重な管理が必要となります。最悪の場合に備えて、各機器にGPS管理できるツールを導入することも必要かもしれません。

　その他、Wi-Fi環境にも要注意です。ホテルやカフェなどが無料提供するフリーWi-Fiの中には暗号化されていないものもあり、通信内容をのぞき見される可能性があります。具体的なセキュリティ対策については、第5章で詳しく説明します。

5

労働時間の把握と管理

労働時間を客観的に把握する方法

　ワーケーションの導入に関しては、勤務時間をどのように管理して、評価へと
つなげていくかがポイントとなります。専門業務や企画業務のように、業務遂行
の手段や方法、時間配分等を大幅に労働者の裁量にゆだねる必要がある業務にお
いても、オフィスで勤務する場合と同様に勤務時間を記録し、その時間数に応じ
た給与を支給するのが基本となります。ワーケーションの実施を見据えながら、
会社の実情に応じた勤務時間の設定方法を検討することが重要です。例えば勤務
時間を9時から17時までといった形で固定するのではなく、1カ月間の総労働時間
をあらかじめ定め、その時間内で働くフレックスタイム制を活用することによ
り、ワーケーション先の状況に応じた柔軟な運用が行えるでしょう。

　いずれにしても、お互いの姿が見えない状況下で、使用者側は「定められた時
間、勤務できているのだろうか」、従業員側は「きちんと評価されているのだろ
うか」といった不安を感じやすくなります。それを払拭するためには、労働時間
を客観的に証明する手立てが必要となります。

　テレワークが増えてきた現状においては、PCやタブレット、スマートフォン
などで勤怠管理が行えるツールも多く登場しています。例えば、GPS機能のある
PCやスマートフォンと連携できる勤怠管理システムを使えば、外出先のどこか
らでも打刻でき、打刻時にいた場所の位置情報を記録することもできるため、虚
偽報告を防げることができます。中には人事管理・給料計算システムと連動でき
るものもあり、企業規模や業種などによってさまざまな工夫がなされています。

:: 労働時間の把握

　もちろん、電話やメールなどによって、勤怠を含めた詳細な日報をやり取りする方法もあります。日頃から従業員の業務の進捗状況や成果をこまめに把握しておけば、管理者はより正確な評価が行えるでしょう。ただし、通常の業務に加えて新しい負担が課されると、社員がワーケーション制度を利用するのに消極的になってしまうかもしれません。従業員と管理職の負担が増えて本末転倒にならないよう、適切なさじ加減が求められます。

　あくまで企業経営者インタビュー時のお話ですが、30名以下のベンチャー企業の場合、ワーケーション中の時間レベルでの勤怠管理は実施しない方針であるという意見が過半数でした。企業の規模や歴史、経営者の方針によって勤怠管理の考え方は異なります。現在は、通常オフィスでの勤怠管理も大きく変革しています。ワーケーション制度においても今の時代を見据えた柔軟な人事管理が求められるでしょう。

6

ワーケーションの労働法規

労働法に関する注意点

　従業員がワーケーションを行う場合、通常の業務や出張、テレワークと同様に、労働基準法、労働安全衛生法、労働者災害補償保険法などの労働法令が適用されます。会社にテレワークの規程がすでにある場合は、その規程をワーケーションに適用したり、適宜アレンジしたりすることができます。またブリージャーにおいても、出張の定義を拡大した出張旅費規程を検討するとよいでしょう。

　しかし、一般的に会社側が一方的に労働条件や給与を変更したり、就業規則を変更したりすることはできません。まずは、労使間の話し合いからスタートすることが一般的です。また、新しく定めた労働条件が労働法で定めた基準を下回った場合は、労働法の基準が優先されることになります。ここでは、労働基準法や、厚生労働省のガイドラインを中心に見ていきます。大切なことは、労働時間を適正に保つこと、そして下記の区別を明確にすることです。

　　・労働時間と休暇時間の区別
　　・業務行動と業務外行動の区別

　まず「労働時間と休暇時間の区別」についてですが、ワーケーションでは労働時間の管理が困難であるため、「事業場外労働のみなし労働時間制」（P.84参照）を検討する場合もあると思います。

ここで注意しなければならないのは、有給休暇制度には制約があるということです。有給休暇とは「賃金の減収を伴わずに労働義務の免除を受けるもの」とされています。つまり、有給休暇中に社員に仕事をさせることができるという考え方は誤りです。また、時間単位での有給休暇の付与は年5日の範囲内に限定されています。そのため、「休暇の一部で仕事をする」場合は、仕事と休暇の区別を明確にした上で、適切に運用する必要があります。

　労働基準法第38の2に規定される「事業場外労働のみなし労働時間制」の適用を受けるための要件は、事業場外で業務に従事し、かつ会社の具体的な指揮監督が及ばず、労働時間を算定することが困難な業務であるということです。つまり、ワーケーションでも会社の具体的な指揮監督が及んでいる場合には労働時間の算定が可能な状態であるため、みなし労働時間制の適用はできません。現代の通信事情で考えると、メールやチャット、スカイプなどのテレビ会議を随時行い、上司の指示を受けながら業務をしているのであれば、みなし労働時間制は適用されないことになります。

　「事業場外労働のみなし労働時間制」を適用しない場合は、厚生労働省が2017年1月に策定した「労働時間の適正な把握のために使用者が講ずべき措置に関するガイドライン」を遵守する必要があります。具体的には、以下のような規定があります。

　・使用者が自ら現認することにより確認すること
　・タイムカード、ICカード、パソコンの使用時間の記録等の客観的な記録を
　基礎として確認し、適正に記録すること

また、やむをえず自己申告制で労働時間を把握する場合は、下記を遵守しましょう。

①自己申告を行う労働者や、労働時間を管理する者に対しても自己申告制の適正な運用などガイドラインに基づく措置等について、十分な説明を行うこと
②自己申告により把握した労働時間が実際の労働時間と合致しているか否かについて、必要に応じて実態調査を実施し、所要の労働時間の補正をすること
③労働者の労働時間の適正な申告を阻害する目的で時間外労働時間数の上限を設定するなどの措置を講じないこと

　また「業務行動と業務外行動の区別」については、ワーケーション中に事故などがあった場合、業務起因性、業務遂行性が認められれば業務上災害として労災保険給付対象となります。一方、私的行為が原因であれば業務上災害とはならない点に注意が必要です。例えば移動経路上の駅や空港、食事場所や宿泊場所での災害や事故は業務遂行性が認められますが、泥酔していた場合などは認められないこともあります。特にワーケーションにおいては、通常の通勤に比べて労災が認められにくい可能性もあり、事前に従業員にも納得してもらい、同意を得ておく必要があります。業務遂行性が認められるのか、もしくは積極的な私用・私的行為・恣意的行為に該当するのかの判断が難しい場合は、専門家に相談することをおすすめします。

【参考】厚生労働省　労働時間の適正な把握のために使用者が講ずべき措置に関するガイドライン
https://www.mhlw.go.jp/file/06-Seisakujouhou-11200000-Roudoukijunkyoku/0000149439.pdf

4 章

ワーケーションの
実施プロセス

1

ワーケーションの基本方針策定から実施まで

実施体制における決定事項

　第4章では、ワーケーションを実際に実施する直前に決定することについて説明します。「基本方針」「目標」「責任者」「運用ルール」など、当フェーズで決定することはすべて重要な項目になります。なかでも、今回決定する、運用ルールを順守できる適切な責任者の任命が、ワーケーション制度導入の肝になります。将来、会社全体に影響することですので、緊張感を持って丁寧に取り組みましょう。

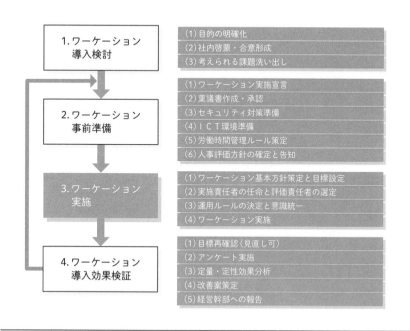

```
┌─────────────────┐      (1) 目的の明確化
│ 1.ワーケーション │      (2) 社内啓蒙・合意形成
│    導入検討      │      (3) 考えられる課題洗い出し
└─────────────────┘

┌─────────────────┐      (1) ワーケーション実施宣言
│ 2.ワーケーション │      (2) 稟議書作成・承認
│    事前準備      │      (3) セキュリティ対策準備
│                 │      (4) ICT環境準備
│                 │      (5) 労働時間管理ルール策定
└─────────────────┘      (6) 人事評価方針の確定と告知

┌─────────────────┐      (1) ワーケーション基本方針策定と目標設定
│ 3.ワーケーション │      (2) 実施責任者の任命と評価責任者の選定
│    実施          │      (3) 運用ルールの決定と意識統一
└─────────────────┘      (4) ワーケーション実施

┌─────────────────┐      (1) 目標再確認（見直し可）
│ 4.ワーケーション │      (2) アンケート実施
│    導入効果検証  │      (3) 定量・定性効果分析
└─────────────────┘      (4) 改善案策定
                         (5) 経営幹部への報告
```

:: ワーケーション実施

2

ワーケーションの基本方針の策定

ワーケーションのルールを決めよう

ワーケーション実施についての事前準備が完了し、社内での承認が取れたら、いよいよ本格導入としての実施段階に入ります。まずは、ワーケーションの基本方針を策定していきましょう。2章で定めた「ワーケーション実施の目的」に沿って、基本的なルールやワーケーションの実施対象者、取得条件、適用期間などの方針を構築していきます。具体的には、以下の項目について基準やルールを設けます。以降のページで、それぞれの項目について詳しく見てみましょう。

策定項目	ポイント
①実施対象者	はじめは対象を絞って実施する実施非対象者にも配慮する
②実施期間	はじめは休暇を取りやすい期間などに限定して導入のトライアルを行う
③取得単位	フレックスタイム制や裁量労働制を考慮して取得単位を決める
④実施場所	業務に集中できる環境、セキュリティの保たれた環境を指定する
⑤連絡体制	ワーケーション中に連絡の取れる手段および時間帯を決める
⑥費用負担・申請方法	ワーケーションにまつわる宿泊費・交通費などの負担先を定める
⑦セキュリティルール	利用端末や情報の取扱についての規定を設ける
⑧評価制度	明確かつ統一された評価基準を明示する
⑨利用ツール	ワーケーション中に利用するソフトウェア・ハードウェアなどを決める
⑩利用申請のルール	申請期日やフローを決める

①実施対象者の決定

まずは、ワーケーション実施対象者を決定します。ワーケーション制度を導入すると決めても、従業員数が多くさまざまな部門・部署を抱えるような大企業では、すべての部門・職種でワーケーションが実現できるとは限りません。例えば建設業や製造業、サービス業など、現場で業務を行う必要のある部門では、ワーケーションの実現が難しいこともあるでしょう。各部署・職種の業務内容を踏まえた上で、どの部門・どの従業員をワーケーションの実施対象者とするのか検討してください。

また、ゆくゆくは全社での制度実施を考えている場合であっても、はじめは比較的リモートワークを行いやすい部署や職種を対象にトライアルとして実施してもよいでしょう。例えば日本航空株式会社 (JAL) では、主に間接部門でワーケーションを実施していますが、導入時の2017年度の利用者は11人でした。しかし徐々に利用者が増え、2020年度には延べ人数で約400人以上となっています。このように、はじめは少人数の利用であっても、制度の定着とともに対象部署や対象者数を拡大していくことが可能です。

また、ワーケーションの実施対象者を限定する場合は、ワーケーションを実施できない部署・職種への配慮も大切です。ワーケーションの適用対象外となる従業員がいる場合は、その理由を明確に説明した上で、あらかじめ納得してもらうことが必要になります。特に、ワーケーション利用者が旅行先でどのような業務を行っているかということは、オフィスで勤務する社員からは見えにくいということに注意しましょう。ワーケーション利用者の勤務時間、仕事量、業務内容を部署内で共有したり、仕事量や内容に差が出ないように業務分担をしたりするなど、オフィス勤務者が不公平を感じないような工夫が必要となります。場合によっては、ワーケーション非対象者も含めた説明会を実施してもよいかもしれません。

②実施期間の決定

　次に、ワーケーションを利用できる時期について検討しましょう。対象部署を限定することと同様、まずはトライアルとして一定の対象期間を指定するのがよいでしょう。例えばゴールデンウィークや夏季休暇、自社の閑散期など、長期休暇を取得しやすいタイミングを指定することで、従業員にとっても利用しやすくなります。

　実施期間を決める際には、ワーケーションを利用できる日数の上限も設定しておきましょう。日数の上限については、自社における有給休暇制度やテレワーク制度を踏まえて決めてください。ちなみに、日本人を対象に「ワーケーションに取り組める日数は？」と質問したアンケートでは、「1ヶ月のうち7日間程度」という声が最大となっています。一方、ワーケーションが普及している海外では、より長期間の取得を認めている企業も多く見られます。例えば、カナダに本部を置く大手メディア企業「Thomson Reuters Corp.」では、最長8週間までカナダ国内のどこからでも働けるというルールを定めています。同じくカナダのオンタリオ州を拠点とするエネルギーテクノロジー企業の「En Power」では、最長3ヶ月のワーケーションを許可しています。ワーケーション制度が浸透すれば、日本においてもこのような長期取得を認める企業が増えるかもしれません。事業内容やワーケーション導入の目的に合わせて、自社にとって最適な実施期間および実施日数を決定しましょう。

③取得単位の決定

　続いて、ワーケーションの取得単位を決定します。1日、半日、あるいは1時間など、ワーケーションの最低取得単位を定めましょう。具体的には、「旅行先であっても、決められた就業時間内のすべてを仕事に充てた場合は出勤とみなす」または「1日のうち一部の時間を仕事に充てた場合は、時間単位での有給取得とする」などのルールが想定されます。自社におけるフレックスタイム制や裁量労

働制、テレワーク制などの導入状況に合わせて決定しましょう。なお、従来の規則にワーケーション実施に対応できないような規定事項がある場合は、就業規則の変更や、ワーケーション対象者にのみ適用する新しい就業規則の制定などで対応することができます。

④実施場所の決定

ワーケーション中に仕事をする場所についてもルールを決めましょう。業務と休暇の線引きを曖昧にしないためには、きちんと仕事に集中できるような環境を業務場所として指定することが大切です。また、一定のセキュリティが守られる環境であることも重要なポイントでしょう。

具体的にどのような場所をワーケーション実施場所として指定すべきかについては、導入目的や業務内容によって異なります。実際のワーケーション導入企業の規程の例を見てみましょう。観光庁が発行する資料「新しい旅のスタイル ワーケーション＆ブレジャー」では、以下のような規定方法が挙げられています。

①会社が所有または契約するサテライトオフィスなど、「特定の場所を明記」する方法
②ワーケーション勤務者が選定するコワーキングスペースなど、テレワーク環境が整った場所を条件にする方法
③宿泊先、図書館、カフェ、新幹線車内なども許可することとし、包括的な表現の定めをおく方法

機密性の高い事項を取り扱う業務を行う場合は、①のようなサテライトオフィスなどが適しているでしょう。また、ワーケーション対象者でありながら、「休暇と仕事の線引きが困難」などの理由から利用を躊躇している従業員がいる場合は、①もしくは②のような、普段のオフィス環境に近い場所がすすめられます。

③のタイプの場合は、具体的な場所は指定しないものの、特定の基準を満たす環境を選択する必要があります。観光庁の同資料では、この場合の基準の例として以下の項目が挙げられています。

・労働災害や健康障害防止、安全衛生、心身の健康確保、業務に集中できる環境
・仕切られた執務スペースが確保できる環境
・机、椅子、明るさが適切であること
・機密保持（PC等の画面を覗かれない場所、電話会議で他人に聞こえない場所）
・安全なネットワーク環境の確保
・公共交通機関での実施の可否
・その他不特定多数の人が出入りする場所で実施する場合のセキュリティ対策

このような規定・基準を参考にしながら、自社に合ったルールを設けましょう。なお、利用対象者や利用期間を設定する時と同様に、ワーケーション導入直後はある程度は場所を限定し、制度が定着するにつれてその範囲を広げていくことも可能です。

:: サテライトオフィス

⑤連絡体制の決定

　続いては、ワーケーション中の連絡体制についての取り決めです。ワーケーション中に連絡を取るためのツールおよび時間帯について定めましょう。例えば「ワーケーション利用中の勤務日における就業時間は、常に電話、メール、特定のチャットツールでの対応を可能な状態にしておき、一定時間の枠内でメッセージに応答する」などのルールを決めることをおすすめします。

　ただし、「ワーケーション中は、常に連絡が取れるようにしておくこと」といった規定の設定には注意が必要です。業務に関連する連絡を待っている時間は、労働基準法上は手待ち時間に該当し、労働時間とみなされる可能性があるためです。ワーケーションを利用している従業員にとっても、「いつ仕事の電話が入るかわからない」という状況ではリラックスできず、休暇と業務の区分が曖昧になってしまいます。そのため、連絡対応を義務づけるのはワーケーション中でも就業に該当する日のみにするなど、休暇をきちんと取得できるようなルールを事前に決めておくとよいでしょう。

　その他、業務開始時および終業時に上司に報告したり、終業前にその日の結果を共有したりといったルールを設けることもできます。また、新入社員や中途採用者、新しい部署に異動した直後の社員など、業務に不慣れな従業員がワーケーションを実施する場合には、こまめにオンラインでの会議や面談の機会を設けるなど、コミュニケーションを取りやすい体制を構築することが重要です。

⑥費用負担・申請方法の決定

　ワーケーションの実施に伴い、宿泊費や交通費、通信費などのさまざまな費用が発生します。これらの費用の負担先についても規定を設けましょう。「指定の宿泊先での滞在やワークスペースの利用料金は会社負担」「会社の費用負担額には上限を設ける」などの明確なルールを制定し、周知しておくことが重要です。

:: 費用負担ルール策定

例えば、先ほど例に出した日本航空株式会社（JAL）でのワーケーションは、「有給休暇を活用してリゾートや観光地でテレワークを行う」という休暇目的の位置付けであり、移動費や宿泊費は従業員が負担するルールとなっています。

　一方で、ワーケーションの定着している海外では、従業員の柔軟な働き方を実現することを目的に、旅行費を会社が負担するケースも多く見られます。例えば、アメリカ・ロサンゼルスに本拠地を置く法律事務所のQuinn Emanuelでは、従業員に対して24時間のネットワーク接続を条件として、指定の場所で1週間リモートで働く場合に、2,000ドルの旅費を支給しています。また、カナダ・トロントのメディア企業Media Profileでは、入社6カ月以上の従業員を対象に、2〜4週間のワーケーションにおける旅費または宿泊費として最大3,000ドルを支給しています。

このように、会社が費用を負担してワーケーションを促進するしくみを作ることで、従業員のワークライフバランスを実現できることに加え、就職先としての企業人気の向上にもつながるでしょう。ワーケーションを雇用戦略として取り入れる場合は、このような費用制度を導入するのも1つの手段と言えます。すでにワーケーションを実施している企業例なども参考にしながら、自社の導入目的に合った費用負担のルールを決めましょう。また費用負担についてだけでなく、費用の申請や決済の方法などについても具体的に決めておくことが大切です。

⑦セキュリティルールの決定

　前章でもお話しした通り、ワーケーションでは堅牢なセキュリティ対策を実施することが大切です。会社のノートパソコンやタブレット、スマートフォンなどを貸し出して旅先で仕事をすることもあれば、従業員の私物の端末が利用されることもあるでしょう。どちらの場合でも、紛失や盗難、破損、ハッキング、情報流出、ウイルス感染など、あらゆるリスクに備えたルール作りが必要です。ワーケーション中の守秘義務を明示することに加えて、具体的にどのようにデータを保護するのかを決めましょう。例えば、ワーケーション中に使用を許可する端末やネットワークをリスト化したり、また持ち出してよい資料を制限したり、利用端末にセキュリティソフトをインストールしたりするなどの対策が考えられます。より詳しいセキュリティ対策や、情報漏えいが発生した時にどのような対応をすべきかについては、次章で解説します。

⑧評価制度の決定

　ワーケーション中の業務の成果評価の実施方法について決めておくことも大切です。ワーケーションの懸念点としてよく挙げられることに、上司が部下の業務の遂行状況を把握しにくいということがあります。オフィスであれば、誰が、いつ、どんな業務を、どのように行っているのかを常に把握することができます。一方、旅行先で働くワーケーションでは、業務状況をリアルタイムで把握するこ

とができません。欧米では、業務の結果を重視して評価が決定される成果主義の文化が根付いていますが、日本では労働時間や勤務態度など、成果に至るまでのプロセスも評価項目に含まれるケースが多いです。

　このような状況の中で適切に評価を行うためには、統一された評価制度を整備することが大切です。例えば、ビデオ会議での発言を評価に入れたり、ワーケーション実施日の業務内容と目的、成果、細かなプロセス状況を詳しく報告することを義務づけたりするなど、可能な範囲で勤務態度を把握するようなルールを定めることができます。一方で、「ワーケーション実施日はオフィスでのように勤務態度を把握することは難しい」と割り切り、その日は成果のみを評価対象とする方法もあるでしょう。

　なお、ここでいう「成果」とは、売上やアポイントメントの獲得など、数値化できるものとは限りません。例えば、テレワーク利用者が自身で定めた目標に対して、それをクリアできたかどうかということを「成果」として評価することもできます。また、その目的に到達するまでのプロセスを評価することもできるでしょう。つまり、成果主義とプロセス評価は必ずしも相反するものではなく、両方をバランスよく取り入れることもできるということです。

　どのような評価基準を設けるかは企業次第ですが、大切なことはその基準を統一することです。基準が曖昧なまま属人的な評価が行われてしまうと、上司によって評価が大きく異なり、不公平に感じる社員が出てくる恐れもあります。なお、すでにテレワークについての評価制度や基準が制定されている場合には、それを応用してもよいでしょう。

⑨利用ツールの決定

　ワーケーションの実施において利用するツールを決定しましょう。ワーケーションにあたって必須となるツールには、ビデオ会議やチャットアプリケーション、ファイル共有ストレージなどのソフトウェアが挙げられます。ただし、社内ですでにこのような機能が揃ったグループウェアが利用されている場合は、新たに導入する必要はありません。ソフトウェアに関しては、従業員の就労状況を把握するサービスの利用も有効です。例えばログの履歴を確認できるアプリや、従業員どうしで共有されるスケジューラーは、勤務時間を把握するのに役立つでしょう。その他、企業によってはポケットWi-Fiやモバイルバッテリー、ノートパソコン、タブレットなどのハードウェアが必要になることもあります。自社のワーケーションのセキュリティルールなどを踏まえた上で、これらのツールを用意してください。

⑩ワーケーション利用申請についてのルール

　最後に、ワーケーションの申請フローや、申請期日についても事前に規定しましょう。ワーケーションの申請ルールとしては、例えばJTBでは「実施2週間前または前月25日までのいずれか早い時期までに、ワークフローシステムにて上長へ事前申請を行う」とされている一方、JALでは「原則として前日までにメールで所属長に申請し、承認を得る」など、企業によって申請期日も方法もさまざまです。自社でのワーケーション制度の定着度合いや部署ごとの業務内容を鑑みて、柔軟にルール設定を行いましょう。

その他、業務に応じたルールの決定

　その他、必要に応じて細かいルールを設定しましょう。例えば、営業部門の社員がワーケーションを実施する場合には、ビデオ会議を行う時のドレスコードを決めておく、突発的な連絡が必要になる可能性がある場合には、緊急時の連絡先について確認しておくなどの取り決めが考えられます。ワーケーションの実施によって、社内外に影響が出ないようにするためのルールが必要です。ワーケーションの導入前には、このようなルールを基本指針としてまとめ、従業員に共有できるように文書化しておきます。なお、ここで決めたルールは、導入後にアンケートなどを実施して、それをもとに変更・改善することもできます。

∷ ビデオ会議時の規定

3

ワーケーション導入責任者の任命

導入責任者の役割

　ワーケーションの基本方針を策定したら、続いてワーケーション導入責任者を決定します。ワーケーション導入責任者の主な役割は、ワーケーションの実施にあたって社内外の関係者がスムーズに仕事を進められるように調整することです。具体的には、前節で紹介したようなルールや評価制度の策定や、上層部への提案、説明などを行います。従業員から寄せられる質問の窓口となることもあるでしょう。

　導入責任者の候補は、人事部門やIT部門の従業員からの選出が考えられます。ワーケーション導入時には、労働時間の把握や管理についての規定や就業規則の整備、人事評価ルールの策定などが必要になります。人事部門には、このような知識に詳しい人材が集まっているでしょう。また、ワーケーションの実施においては、勤務管理システムや旅先での通信環境、セキュリティ対策、ICT環境など、デジタル関連の作業環境の整備も重要となります。IT部門の人員であれば、このような分野に精通していると考えられます。

　ただし、IT部門の従業員も、人事部門の従業員も、それぞれの既存の業務については熟知しているかもしれませんが、ワーケーションという新しい取り組みについては未知の部分が大きいことが予想されます。特に、これまで在宅勤務の文化が根付いていなかったような企業では、はじめて取り組む業務も多く発生するでしょう。

　また、企業規模によっては、ワーケーションの導入というプロジェクトは部門

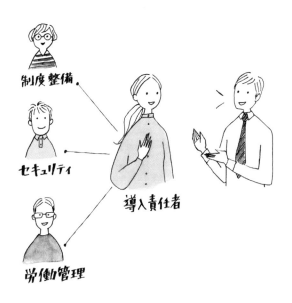

:: 導入責任者の任命

を横断するようなスケールの大きなものとなります。ワーケーション導入責任者に任命された従業員が、このような大規模プロジェクトを管理する経験を持っているとは限らないため、1人に負担がかかりすぎないように工夫をすることも大切です。例えば、ワーケーション制度整備における責任者、セキュリティにまつわる事項の責任者、労務管理に関する責任者など、役割を分散することも1つの方法です。

　また、ワーケーション導入責任者という役割は、永久的なポジションではなく、はじめて制度を導入する際に必要な一時的なものであるケースも多いです。将来的に企業にワーケーションが定着した場合には、従業員1人ひとりがその運用ルールや規定を理解し、導入責任者の役割は各部署の管理職などに組み込まれていくこともあるでしょう。なお、導入責任者とは別に、ワーケーション実施の効果を評価する責任者の任命も必要です。評価責任者の具体的な役割や選定については、この後の第6章で詳しくお話しします。

4

ワーケーション運用ルールの意識統一

ワーケーションの導入理由・目的を説明する

　社内におけるワーケーションに関する基本指針を策定し、導入責任者を決定したら、続いて運用ルールの意識統一を行います。まずはワーケーション講習会を開くなどして、自社においてワーケーション導入を決定した理由や、目的、導入することで得られるメリットなどを従業員に説明しましょう。働き方や休み方に関する価値観や認識は、従業員ごとに異なります。スムーズに制度を導入するためには、ワーケーションという「新しい働き方」「新しい休み方」について丁寧に説明することが欠かせません。

　また、繰り返しになりますが、ワーケーションを利用できない部門・職種がある場合には、その理由を丁寧に説明し理解・納得してもらう必要があります。すべての従業員からの同意を得た上で制度をスタートさせるために、ワーケーションに関する質問や意見を受け付ける問い合わせ窓口を設置しておくことも有効でしょう。

ワーケーションの基本指針を周知する

　ワーケーション導入の目的やメリットを説明できたら、P.63で定めた「ワーケーションの基本方針」を、上層部を含めたすべての従業員に対して周知します。具体的には、文書化した規定を配布したり、社内ポータルに掲載したりします。書類として配布する場合であっても、ワーケーション利用者が旅先でルールを確認できるように、オンライン上にも規定を載せておくことが大切です。

なお、ワーケーションの基本指針は、対象者・非対象者に関わらず、全従業員に対して知らせるようにしましょう。非対象者への細かいルールの周知は不要と感じられるかもしれませんが、ワーケーション利用者がどのようなルールに基づいて、どのように業務を行うのかを知ってもらうことは重要です。旅先での業務の勤怠管理体制や評価制度を知ってもらうことは、不平等を感じてしまう従業員が出てくることへの予防にもなります。

:: ワーケーションの講習会

管理職への啓蒙活動を実施する

　全従業員のワーケーションに対する意識を統一するには、特に管理職に対するルールや規定の理解促進が非常に重要です。管理職がワーケーション制度の導入に対してネガティブな意識を持っていると、制度利用者の増加は見込めません。また、評価制度について曖昧な理解のままでいる管理職の下では、安心してワーケーションを利用できないでしょう。

このような事態を事前に防ぐためには、ワーケーション対象者を部下に持つ管理職を対象とした説明会などの啓蒙活動の実施が必要です。ワーケーション制度の導入目的やメリットについて丁寧に説明した上で、部署内で制度の積極的な利用促進の呼びかけなどを依頼することで、新しい制度を利用しやすい職場風土の形成が期待できます。管理職がワーケーション制度の導入に対して疑問点や懸念点を抱えている場合には、丁寧にヒアリングを行い、それらを解消することが大切です。管理職用の質問窓口を設けたり、説明会などで質疑応答のコーナーを設けたりするとよいでしょう。

　また、管理職に対しては、評価制度についての教育を行うことも非常に重要です。ワーケーションという制度を定着させるための条件の1つに、「旅先であっても、業務を適切に評価すること」が挙げられます。オフィス外からの業務においても、統一された制度・基準で評価されるという保証がなければ、従業員は安心して利用することができません。管理職向けに、評価制度に関する研修などを別途設けることも有効です。

ワーケーション導入後の事例共有を行う

　ワーケーションに関する意識統一は、実際に運用を開始した後にも継続して行うことが大切です。例えば、実際に制度を利用した従業員からの意見や体験談を社内報や社内ポータルで紹介することなどが挙げられます。実例を紹介することで、自身が制度を利用している姿をイメージしやすくなったり、ワーケーション経験者に相談したりできるようになるため、利用者の増加につなげられるでしょう。

　その他、制度導入後の意識統一の方法としては、従業員から寄せられた質問をQ&Aとしてまとめたり、ルールの改定・変更があった場合には周知したり、定期的に管理職層に対する啓蒙活動を実施したりすることなどが挙げられます。

5

ワーケーション実施プロセスのまとめ

実施プロセスのまとめ

　最後に、本章で紹介したワーケーション実施プロセスを振り返ってみましょう。

基本方針の策定：自社の導入目的に合ったルールを設定する

まずは、ワーケーション利用時の具体的なルールを定めた基本方針を策定します。具体的に定める事項としては、実施対象者、実施期間、取得単位、実施場所、連絡手段、費用負担・申請方法、セキュリティルール、評価制度、利用ツール、利用申請が挙げられます。自社におけるワーケーション導入の目的や、既存の制度に合ったルールを設定しましょう。実際にワーケーションを導入している企業の例も参考にすることができます。

また、実施対象者や実施期間、取得単位、実施場所に関しては、ワーケーション制度の導入開始時は対象を狭めてトライアルを行うことも有効です。最初は実施しやすい部門・職種で、夏季休暇や閑散期などの時期を限定してスタートさせ、徐々に範囲や期間を拡大していくことができます。

導入責任者の任命：候補は既存の規則やICTに詳しい人材

基本方針を策定できたら、ワーケーション導入責任者を決定します。導入責任者の具体的な役割は、基本方針や評価制度の策定・承認、上層部への提案、従業員に対する制度の説明などです。導入責任者の選出候補としては、人事部門やIT部門の従業員が挙げられます。ワーケーションの細かなルールの策定には、就業規則・人事評価制度の整備や、セキュリティ対策や通信環境の整備などが必要になるためです。もちろん、このような事項に詳しい人材であれば、上記以外の部門の従業員でも問題ありません。

また、導入責任者を任命する際には、1人に負担がかかりすぎないように注意することも必要です。例えばIT部門や人事部門の従業員が責任者に選出された場合、彼らは自身の専門分野については詳しいかもしれませんが、ワーケーションという新しい取り組みについては初心者です。また、大企業の場合は、部門を横断するような大規模プロジェクトとなります。このようなことを踏まえ、1人の従業員に負荷が集中しすぎないように工夫しましょう。代表責任者の他、制度整備の責任者、セキュリティの責任者など、各分野別に責任者を置くこともできます。

運用ルールの意識統一：管理者層に対する啓蒙活動を実施する

導入責任者が決定したら、次のステップは従業員間でのワーケーション運用ルールの意識統一です。従業員に対してワーケーションの導入目的・メリットを説明した上で、具体的な規定を含めた基本指針を提示します。この時の注意点は、ワーケーションの非対象者にもルールを周知することです。すべての従業員が、ワーケーション利用者がどのように業務を行い評価されるのかを知ることで、社内における不平等感の醸成を防げるでしょう。

また、ワーケーション制度を利用しやすい職場風土を形成するためには、管理職層に対する啓蒙活動が欠かせません。ワーケーションの目的やメリットを伝える管理者向けの説明会や、評価制度についての研修などが効果的です。そしてワーケーション導入後には、取得者の具体的な事例紹介などを行うことで、さらなる意識統一を目指すことができます。

　以上がワーケーションの実施プロセスです。この流れを参考にしながら、1ステップずつ取り組んでみてください。なお、ワーケーション実施後には導入効果の検証なども重要です。その具体的な方法については、第6章で詳しくお話ししています。

5章

ワーケーションの
リスクマネジメント

1

リスクマネジメントの重要性

さまざまなリスクを想定しておこう

　自由な働き方を実現できるワーケーションですが、オフィス以外の場所で働くことによるリスクも存在します。例えば、出社や退社がなくなることによって適切な勤怠管理がしにくくなったり、業務の遂行状況やプロセスを把握しにくくなることによって人事評価も難しくなったりするでしょう。加えて、オフィス以外のネットワークを使用するため、ハッキングや不正アクセスなどのセキュリティリスクも高まります。本章では、このようなワーケーションの実施に伴い発生するリスクについて、どのように対策・マネジメントすべきかについて紹介します。

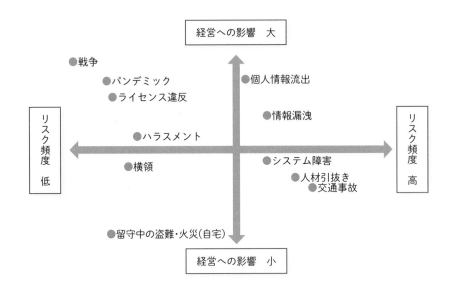

:: リスクマップ

2

リスクの種類と影響度

● ワーケーションにまつわるリスク

　まずは、ワーケーション実施にあたって想定される具体的なリスクとその影響について見てみましょう。ワーケーションにおけるリスクとしては、大きく分けて以下のものが考えられます。それぞれのリスクと、それがどのような影響をもたらすのかについて、詳しく見ていきましょう。

①労働時間管理にまつわるリスク
②人事評価にまつわるリスク
③セキュリティにまつわるリスク

① 労働時間管理に関するリスク

　1つ目のリスクは、労働時間を適切に管理できなくなるリスクです。従業員が上司の目の届かない遠隔地で働くワーケーションでは、正確に労働時間を把握・管理することが難しくなります。ワーケーションで適切な労働時間の管理が行われない場合、以下のような影響が出る可能性があります。

・業務生産性の低下
・従業員の満足度の低下
・適切な賃金が支払われない

　労働管理体制が構築されないままワーケーションを導入してしまうと、上司や他の従業員の目がないのをよいことに、業務を怠る社員が出てくるかもしれませ

ん。反対に、出勤・退社の境目が曖昧になることから、就業時間を超えた長時間労働を行う社員が現れる可能性もあります。

　このような状況に陥ると、本来のワーケーションの導入目的を達成することは難しくなるでしょう。例えば「業務生産性の向上」を目指して制度を導入した場合、サボってしまう従業員や長時間労働をする従業員が出てきてしまっては、生産性が上がったとは言えません。「従業員の満足度向上」や「休暇取得促進」などを目的にワーケーションを導入する場合も、適切な労働時間管理が行われなければ、業務と休暇の境界が曖昧になってしまいます。旅先でも業務に追われるような状況であれば、利用者はリラックスして休暇を過ごせないでしょう。結果として、従業員の働き方に関する満足度の向上も見込めません。

　また、労働時間を正確に把握することは、適切な賃金の支払いを行う上でも重要です。企業は、従業員の労働時間数や時間帯に応じて、時間外割増賃金、休日割増賃金、深夜割増賃金などの残業代を適切に支払わなければならないからです。

　労働時間については、ワーケーションの導入にあたって「事業場外労働のみなし労働時間制」の適用を検討する企業も多いでしょう。これは、事業場外で業務を行い、かつその時間把握が困難な場合に「一定の時間だけ働いたこととみなす」ことができる制度です。ただし、みなし労働時間制が適用されるからといって、労働時間の把握が不要というわけではありません。みなし労働時間制を利用する場合であっても、自己申告などに基づく労働時間の状況把握が義務づけられています。また、実労働時間通りの申告をするよう教育、指示を行い、適正な労働時間の把握を実現することが求められています。つまり、従業員の労働時間を把握することは、労働形態に関わらず法律で義務づけられていることなのです。

また、みなし労働時間制を適用するためには、「使用者の指揮監督が及ばず、労働時間を算定することが困難」であるという状況でなければなりません。そのため、ワーケーション中にオンライン会議を実施する場合や、チャットツールをオンラインにしておくなどのルールを設けている場合は、労働時間の把握が可能と判断され、適用できない可能性が高いです。

> **事業場外労働のみなし労働時間制**
> 使用者の指揮監督が及ばず、労働時間を算定することが困難な場合、「一定の時間だけ働いたこととみなす」制度。ワーケーション中にオンライン会議を行ったり、チャットツールなどを常時オンラインにしたりする場合などは適用が難しい。

　このように、ワーケーションにおいて労働時間を適切に把握することは、業務生産性を高めたり、従業員の満足度を向上させたりする他、法的義務を果たすためにも必要です。ワーケーションを適切に実施し、導入目的を達成するためには、労働時間に関する規定や、どのようにそれを実現するのかを明確にしておく必要があります。

②人事評価に関するリスク

　2つ目は、適切な人事評価ができなくなるリスクです。ワーケーションでは、適切に労働時間を把握することが困難であるのと同様に、従業員の業務を評価することも難しくなります。公平で透明性の高い評価制度が確立されなければ、ワーケーションの実施によって以下のような影響が生じる恐れがあります。

- ・従業員の士気の低下
- ・不平等感の醸成

ワーケーションでは、オフィスでの業務のように、管理者が部下に対して「いつ、どのように、どのような姿勢で、どのくらいの時間をかけて業務に取り組んでいるか」ということを把握しにくくなります。しかし、ワーケーションで働く従業員とオフィスで働く従業員の間で評価に関する有利不利があってはいけません。特に、既存の評価システムが仕事に取り組む姿勢やプロセスを含めて評価対象とするものである場合、「ワーケーションを利用すると適切な評価が行われない」という不信感を抱く社員が出てくる恐れがあります。

　このような事態を防ぐためには、従業員の働き方や働く場所に関わらず、公平に評価を行えるしくみ作りが必要です。「既存の評価制度では、適切に評価を行えない」という場合には、テレワーク時の評価基準を適用したり、ワーケーション利用者に適用する新しい評価制度を構築したりする必要があります。

　また、部門や職種に合った評価基準を考えることも大切です。例えば、営業部門など、成果を数値化しやすい部門であれば、「ワーケーション利用時は成果を評価対象とする」などの基準を定めることができるでしょう。一方で、人事や総務などをはじめとする管理部門などでは、明確な「成果物」がないことも多いでしょう。このような部門や職種もワーケーションの適用対象とする場合は、成果物以外の評価基準を設けることも必要となります。例えば、ワーケーション利用者に対してワーケーション実施日における目標の設定、工数の見積もりを含めた計画表を作成してもらい、その達成度合いに応じて評価を行うなどの方法が考えられます。

　どのような評価体制を取るのかは、企業によって異なります。しかし、どのような評価基準であっても、それをすべての従業員に対して公開し、従業員に不安を抱かせないことが大切です。

③セキュリティにまつわるリスク

　3つ目のリスクは、不正アクセスやハッキングなど、セキュリティにまつわるものです。ワーケーションの大きなメリットは、従業員が場所や時間に縛られずに業務を進められることです。しかし、オフィス以外の場所で業務を行う際には、セキュリティ面についてのリスクが増大します。例えば、パソコンや書類を紛失、盗難されてしまうと、自社や取引先の機密情報が漏えいしてしまう恐れがあります。また、セキュリティの脆弱なフリーWi-Fiなどに接続することで、通信内容を傍受されたり、データを抜き取られたりするリスクもあります。このような事態が発生してしまっては、ワーケーションを実施することで得られるメリットよりも、損失の方が大きくなってしまいます。

　このようなリスクを回避するためには、貸し出すデバイスの管理やウイルス対策ソフトの導入といったセキュリティ対策を行うことと、情報の取り扱いに関するルールを整備し、遵守を徹底させることが大切です。具体的なセキュリティの対策方法や、情報漏えいが発生してしまった場合にどのような対応を取るべきかについては、P.95で詳しくお話します。

事故にまつわるリスク

　ここで挙げた3つの主要なリスクの他に、ワーケーション中の事故にまつわるリスクがあります。事故にまつわるリスクには、大きく分けて移動中の事故、仕事中の事故、余暇の間の事故の3つのケースがあります。特に移動中の事故と余暇の間の事故の場合の対応については、頭を悩ませている企業も少なくありません。事故発生時に労災を適用するかどうかは、それぞれの企業の方針によって異なります。具体的なケースを想定し、社労士や弁護士などの専門家に相談の上、事故対応方法の規定を策定してください。また第7章でも、ワーケーション中の事故に関する保険について解説しています。

3

労働時間管理と人事評価のリスク

報連相による管理手法

　ここまで見てきた通り、ワーケーションの実施にはさまざまなリスクがあります。ここからは、これらのリスクを回避するためには、どのような対策を行うべきかについて見ていきましょう。まずは、「労働時間管理」と「人事評価」における、報連相の手法について解説を行います。

労働時間管理における報連相の手法

　最初に、「労働時間管理のための報連相」の手法について見てみましょう。労働時間を管理する手法には、大きく分けると以下の2つがあります。

- ・従業員から始業時／終業時に連絡を入れてもらう方法
- ・労働時間管理システムを利用する方法

　「従業員から始業時／終業時に連絡を入れてもらう」方法を取る場合は、電話やメール、チャットなどを利用して、業務開始時と終了時に報告してもらいます。特に、クラウドで提供されるチャットサービスは、パソコン、スマホ、タブレットといったデバイスを問わず利用でき、ログイン履歴が自動で保存されることから、ワーケーション利用時の連絡手段として便利でしょう。また、メールやチャットを利用する場合は、単に始業／終業を報告させるだけではなく、業務計画書や業務日報も提出してもらうことで、人事評価にも活用することができます。

近年は、テレワークの普及により「労働時間管理システム」を利用する企業も増えています。すでに労働時間管理システムを導入している場合は、それをワーケーション時にも応用することができるでしょう。

　労働時間管理システムの利用には、労務管理業務や人事管理業務の効率化にもつなげられるというメリットがあります。労働時間管理システムの中には、打刻データをもとに労働時間や休憩時間を自動で算出したり、記録された労働時間をもとに給与計算をしたりといった機能を備えているものがあります。そのようなシステムを利用すれば、それまで人事部などが手作業で行っていた業務の効率化につなげられます。また、労働時間を評価の要素としている場合は、人事管理システムや人事評価システムなどと連携できるサービスを利用することで、さらなる効率化が期待できるでしょう。

　それ以外にも、GPSと連動しているシステムや、従業員の出勤状況や労働時間などをリアルタイムで把握・管理できる労働時間管理システムを利用することで、多くの部下を持つ管理者など、1人ひとりの労働状況を日々確認することが困難な場合に、すべての部下の労働状況を一目でチェックできるようになります。

　このように、ワーケーション利用者の労働時間を管理する方法やツールにはさまざまなものがあります。自社におけるワーケーション運用ルールに適した手法を選択しましょう。どのような手法を取る場合にも、大切なことは上司部下間で綿密な報連相を行い、実労働時間を的確に把握することです。

労働時間管理における報連相の注意点

　続いて、「労働時間管理のための報連相」における注意点を見てみましょう。適切に労働時間を把握するためには、下記の2点が大切です。

・中抜けの時間も管理する
・過度に管理しすぎない

　「中抜け」とは、就業時間中に一時的に業務を離れることです。ワーケーションで言えば「午前中は仕事をして、昼から夕方まで観光をして、夜に再び業務に戻る」というような場合が当てはまります。このような働き方をする場合にも、実労働時間を正確に把握することが必要です。

　厚生労働省の「テレワークにおける適切な労務管理のためのガイドライン」によると、中抜けをする場合には、その開始時間と終了時間を報告させることなどにより、始業時間を繰り上げたり、就業時間を繰り下げたりできるとされています。また、休憩時間ではなく時間単位の有給休暇とすることも可能とされています。ワーケーションにも、このようなしくみを適用できるでしょう。労働時間管理システムなどを活用し、中抜け時間をきちんと報告してもらうしくみを構築することが大切です。

　このように、小まめに労働時間を記録させることは大切ですが、一方で上司による過度な管理は禁物です。ワーケーションをはじめて導入する場合などは、部下が就労時間中にしっかりと業務に取り組んでいないことを懸念して、オフィスで働く場合よりも頻繁に連絡を入れてしまう管理者もいるかもしれません。しかし、不必要に「様子を見るため」に連絡を取ってしまうと、従業員は自分が信頼されていないと感じる可能性があります。また、不要かつ頻繁な連絡は業務の妨げにもなり、生産性の低下につながってしまいます。従業員の自律性を信頼しながら、適切な頻度で連絡を取り合うことが大切です。

:: 私用時間管理のガイドライン策定

人事評価のための報連相の手法

　次に、「人事評価のための報連相の手法」について見てみましょう。ワーケーションで適切な人事評価を実現するためには、ワーケーション利用者と綿密にコミュニケーションを取ることが大切です。特に、成果物だけでなくそのプロセスも評価対象とする場合は、管理者と部下との対話が欠かせません。上司がワーケーションを利用する部下の業務状況を把握するには、以下のような手段が考えられます。

　・メールやチャットでその日の業務内容を報告させる
　・終業時に面談を行う

　「メールやチャットでその日の業務内容を報告させる」という方法では、その日に取り組む業務内容、期待される成果物、期限などを文書でまとめて送信し、終業時にその成果やプロセスを返信してもらいます。「終業時に面談を行う」という方法では、その日に取り組んだ業務内容や成果、プロセスについて、ビデオ会議などによる面談を通じて評価します。この方法を取る場合には、後から見返したり、他の管理者との間で共有できるよう、ビデオ会議の内容を録画しておくことが大切です。

評価を記録するためには、評価基準に応じて、統一されたフォーマットを用意するとよいでしょう。例えば、目標を設定してその到達度によって評価を決める場合は、以下のような評価シートを用いることができます。

名前		評価者	
部署		日時	
役職		評価日	

目標	達成度	上司コメント／質問	次回の目標
	%		
	%		
	%		
	%		
	%		
	%		
	%		
	%		
	%		

また、成果やプロセスを評価する場合は、以下のようなフォーマットを適用できます。「出席率」はビデオ会議などへの参加状況、「コミュニケーション」はメールやチャットのレスポンスを評価対象にすることができるでしょう。

名前			部署		
評価者			評価日		

仕事の質	1	2	3	4	5
出席率／時間厳守					
生産性					
コミュニケーション					
信頼性					

従業員の目標	
上司コメント	

人事評価のための報連相の注意点

最後に、「人事評価のための報連相」における注意点を見てみましょう。適切な人事評価を行うためには、下記の2点が大切です。

- ・意識的にコミュニケーションの時間を取る
- ・連絡しやすいしくみを作る

オフィスであれば、部下は常に上司の目の届く場所にいるため、1人ひとりの業務状況を把握することができます。何か悩んでいるような場合は、休憩時間な

どに気軽に話を聞くこともできるでしょう。しかし、ワーケーションではそのような何気ない会話も生まれにくいです。そのため、ワーケーションを利用する部下がいる場合、管理者はいつも以上に業務状況を把握するよう意識することが大切です。評価のための面談とは別に、業務で困っていることはないかを聞くために、5分から10分程度、ビデオで会話する時間を設けることも有効です。

　また、業務で何か問題が発生した場合に、すぐに連絡できるしくみを整えておくことも大切です。オフィスにいないことを理由に連絡が滞ってしまうと、ワーケーション利用者の人事評価が下がるだけでなく、チーム全体の業務生産性の低下にもつながります。このような事態を防ぐために、ワーケーション利用者は、1日のうちでいつ、どのような方法で連絡を取れるのかを事前にチームメンバーに伝えておく必要があります。また、グループウェアなどを活用して、メンバーそれぞれのスケジュールや現在地を全員が把握できるようにしておくことも有効です。そうすることで、例えオフィスにいなくても、空き時間を瞬時に把握し、効率よく質問や相談、会議の設定をできるようになります。

:: オンライン面談の採用

4

セキュリティにまつわるリスク

セキュリティ管理体制を整えよう

　続いて、ワーケーション実施におけるリスクのうち、セキュリティにまつわる部分について見ていきましょう。ワーケーションでは、ホテルやカフェ、コワーキングスペースなど、企業の管理外の場所で業務を行うことになります。そのため、オフィス勤務時の企業内部からしかアクセスできない状態に比べ、外部からの脅威にさらされやすくなります。また、ノートパソコンやタブレットなどのモバイル端末を持ち出して仕事をすることになるため、紛失や盗難など物理的な問題によって端末内のデータが危険にさらされるリスクも高くなります。このように、従業員が組織の管理下にない状態で外部ネットワークを利用するワーケーションでは、「セキュリティが脆弱になりやすい」ことを前提に管理体制を構築することが大切です。

　ワーケーションにおけるセキュリティ管理体制を整えるためには、大きく次の2つが必要になります。

・ルールの整備／周知
・情報セキュリティ対策の実施

　次のページから、この2つのポイントについて詳しく解説していきます。

ルールの整備／周知

1つ目のポイントは、セキュリティにまつわるルールの整備および従業員に対する周知徹底です。具体的に規定すべき項目としては、以下の5つが挙げられます。

①貸与を許可するデバイス
②持ち出しを許可する書類
③接続を許可する無線LAN
④利用を許可するアプリケーション
⑤業務を許可する場所

①貸与を許可するデバイス

1つ目は、ワーケーションで貸与するデバイスに関する規定です。ノートパソコン、タブレット、ポケットWi-Fi、充電ケーブルなど、外部に持ち出せるデバイスを指定することで、いつ、誰が利用しているのかを常に管理できるようになります。貸与端末については、情報漏えいが起きた場合に備え、IT資産管理ツールなどを活用して、シリアルナンバー、OS種別・バージョン情報、使用されるアプリケーション、利用者、所在地などを把握しておくことが大切です。また、貸与する端末には、付与するユーザー権限を必要最小限としましょう。そうすることで、不正アクセスの発生を防ぐことができます。規定上許可されていないデバイスの利用については、利用者に事前に申請を求め、セキュリティ上の問題がないことを確認できた端末のみ利用を許可するなどのルール作りも有効です。

②持ち出しを許可する書類

2つ目は、持ち出しを許可する書類についての規定です。情報の機密性に応じて、持ち出しを許可する書類と、禁止する書類を分類してください。ただし、紙の情報は、電子情報に比べて安全な破棄や遠隔地での管理が難しいため、流出リスクが高いと言えます。そのため、可能な限りワーケーションで利用する書類は

電子化しておく方がよいでしょう。書類を電子化することで、関係者以外が閲覧できないようにアクセス制限をかけることも可能となります。また、情報の検索・共有も容易です。業務生産性向上のためにも、書類の電子化を進めておくべきと言えるでしょう。また、ワーケーションでの書類の取り扱いに関しては、印刷と廃棄についてのルールを決めておきましょう。情報漏えい防止の観点からいうと、社外部での書類の印刷や破棄は禁止としておいた方が安心です。

③接続を許可する無線LAN

3つ目は、接続を許可する無線LANについての規定です。ワーケーションでは、カフェやホテルなどで業務を行う機会もあるでしょう。そのような施設では、無料で利用できるWi-Fiが提供されていることも多いです。しかし、不特定多数の人が使用する公共のWi-Fiには、セキュリティ上の脆弱性が指摘されています。そのため、以下のようなルールを決めておくことが必要です。

　　・ポケットWi-Fiを会社から貸与し、それ以外のWi-Fiは使用しない
　　・公共のWi-Fiを利用する場合は、VPNを使用する

接続のためにパスワードが必要なポケットWi-Fiは、公共のWi-Fiに比べるとセキュリティ性が高いと言えるでしょう。ただし、パスワードや暗号化方式を初期状態のまま使用してしまうと、無断接続される可能性もあります。より安全性を高めるために、複雑なパスワードを設定した上で、暗号方式を変更しましょう。暗号方式については、総務省の「テレワークセキュリティガイドライン」において「WPA2」または「WPA3」が推奨されています。

VPNとは、仮想プライベートネットワークのことで、やり取りする情報を暗号化する技術のことです。VPNを導入することで、無料Wi-Fi利用時でも情報の傍受や改ざんリスクを低減できます。VPN接続に加え、多要素認証なども取り入れることで、より堅牢なセキュリティ体制を構築できるでしょう。

④利用を許可するアプリケーション

4つ目は、利用を許可するアプリケーションについての規定です。ワーケーションでの利用デバイスを指定するのと同様に、外部で利用を許可するアプリケーションを指定しましょう。許可されていないアプリケーションを利用する必要がある場合は、事前に申請・確認を行い、セキュリティに問題がないもののみ使用を認めるなどのルールを設けましょう。

また、新しいアプリケーションのインストールが必要な場合は、公式アプリケーションストアやベンダーの公式HPなど、指定の場所からのみインストールするなどのルールも設定しましょう。万一、不正アプリケーションをインストールしてしまうと、端末の不正操作や端末内の情報窃取などのサイバー攻撃を引き起こすリスクがあります。

なお、会社が貸与するデバイスについては、端末管理ツールを活用し、未許可のアプリケーションのインストールが実行されそうになった場合に、制限や警告を発する設定をすることもできます。

⑤業務を許可する場所

5つ目は、業務を行ってよい場所についての規定です。カフェやサテライトオフィスなど、不特定多数が集まる場所での作業は、情報漏えいのリスクが高いと言えるでしょう。パーテーションなどが用意されていたとしても、離席時の盗難や画面の覗き込みなどに注意が必要です。特にビデオ会議を実施する時は、音や画面による情報漏洩が起きやすいため注意が必要です。機密性の高い会議を行う場合は、個室を指定するなどのルールを設けましょう。加えて、操作画面の自動ロック設定をしたり、覗き込みを防止するためのプライバシーフィルターの使用を義務づけたりするなどの対策も有効です。

規定項目	ポイント
貸与を許可するデバイス	貸与端末の制限・管理 必要最小限の権限付与
持ち出しを許可する書類	原則として電子化する 旅先での印刷や破棄の制限
接続を許可する無線 LAN	ポケット Wi-Fi の貸与 VPN の利用
利用を許可するアプリケーション	インストール場所の指定
業務を許可する場所	業務の機密性に応じて作業場所を制限

情報セキュリティ対策の実施

ワーケーションのセキュリティについてのルールの整備／周知と同時に、情報セキュリティ対策を実施することも必要です。企業側が行うべき対策や導入するべき技術としては、以下の4つが挙げられます。

①接続方式の指定／導入
②セキュリティ対策ソフトの導入
③データ／通信の暗号化
④MDMシステムの導入

①接続方式の指定／導入

1つ目は、ワーケーション中に遠隔地から作業を行う際、どのように自社の情報にアクセスすべきかを決定することです。総務省の「テレワークセキュリティガイドライン第5版」によると、セキュリティを維持しながらテレワークを実現するためには、以下の方式を利用することができます。これらの方式は、ワーケーションにおいても適用できるでしょう。

方式	詳細
VPN方式	テレワーク端末からオフィスネットワークに対してVPN接続を行い、そのVPNを介してオフィスのサーバー等に接続し業務を行う方法
リモートデスクトップ方式	テレワーク端末からオフィスに設置された端末（PC等）のデスクトップ環境に接続を行い、そのデスクトップ環境を遠隔操作し業務を行う方法
仮想デスクトップ（VDI）方式	テレワーク端末から仮想デスクトップ基盤上のデスクトップ環境に接続を行い、そのデスクトップ環境を遠隔操作し業務を行う方法
セキュアコンテナ方式	テレワーク端末にローカル環境とは独立したセキュアコンテナという仮想的な環境を設け、その環境内でアプリケーションを動かし業務を行う方法
セキュアブラウザ方式	テレワーク端末からセキュアブラウザと呼ばれる特殊なインターネットブラウザを利用し、オフィスのシステム等にアクセスし業務を行う方法
クラウドサービス方式	オフィスネットワークに接続せず、テレワーク端末からインターネット上のクラウドサービスに直接接続し業務を行う方法
スタンドアロン方式	オフィスネットワークには接続せず、あらかじめテレワーク端末や外部記録媒体に必要なデータを保存しておき、その保存データを使い業務を行う方法

【参考】テレワークセキュリティガイドライン第5版／総務省

これらの中から、自社の規模や取り扱う情報の機密度に合った方式を選択しましょう。必要に応じてシステムの導入・構築を行い、利用方法やルールを従業員に周知します。

②セキュリティ対策ソフトの導入

2つ目は、貸与デバイスに対するセキュリティ対策ソフトの導入です。ワーケーション利用者に貸し出すパソコンには、ファイアウォールやウイルス、マルウェ

ア対策などを行ってくれるセキュリティ対策ソフトをインストールしておきましょう。また、貸与の際にはこれらのソフトウェアがアップデートされ、最新状態であるかどうかを確認しておくことも大切です。また、ウイルスやマルウェアに感染しないためには、従業員に対して不審を感じたメールは開かず、送信者に送信状況の確認を行ったり、管理者への報告を義務づけたりすることも有効です。

③データ／通信の暗号化

3つ目は、データ／通信の暗号化です。オフィス以外の場所で行う通信は、盗聴、傍受、改ざんを受けやすいと想定し、あらゆる機密情報は暗号化技術を使用して保護するように心がけましょう。暗号化すべき対象としては、通信経路の他、貸与するデバイスデータも含まれます。特に、デバイスに機密データを保存することが想定される場合は、内蔵されるHDDやSSD、外付けのUSBメモリなどの単位で暗号化を実施することが必要です。また、暗号化の設定はワーケーション利用者が設定を変更できないような管理権限にしておきましょう。

:: データ通信の暗号化

④MDMシステムの導入

4つ目は、MDMシステムの導入です。テレワークの普及に伴い、MDM（Mobile Device Management）システムを導入する企業が増えています。MDMとは、複数デバイスを一括で管理するためのサービスです。このシステムを利用することで、万一トラブルがあった場合にも、遠隔制御でのデータやアカウントの初期化、ログイン時のパスワード認証の強制、ハードディスクの暗号化等の機能を有効化することができます。また、紛失時に備えてテレワーク端末に位置情報を検知するためのアプリケーションやサービスなどを導入しておくことも有効です。

情報漏えい発生時の対処方法

ここまで紹介してきた事項を実施することで、堅牢なセキュリティ体制を構築することができます。しかし、いくら厳重にセキュリティ対策をしても、不正アクセスやハッキングなどにより、情報漏えいが起きてしまう可能性はゼロではありません。万一、情報漏えいが起きてしまった時にも速やかに対処するために、事前に措置を考えておくことが必要です。具体的には、下記のような措置が考えられます。

- ・緊急連絡窓口の提示
- ・認証ログや操作ログの取得

ワーケーション利用者が不正アクセスやハッキングの疑いを感じた場合に、速やかに会社に連絡できるよう、対応手順や連絡窓口を整備しておきましょう。迅速な対応を実現するためには、電話番号も含めた連絡先を提示することが有効です。また、情報漏えいが認められた場合には、自社内だけでなく、必要に応じて顧客や取引先、監督官庁などへの連絡も必要です。また、従業員がサイバー攻撃をデバイスの不具合と認識してしまう恐れもあります。それも踏まえて、「少しでも違和感があればすぐに連絡する」などのルールを徹底することが大切です。

情報漏えいが発生してしまった場合は、発生の原因を分析し、再発防止に努めることが重要となります。原因調査が可能となるよう、デバイスに対するアクセスログや、アプリケーションやクラウド上のサービスへの認証ログや操作ログを取得しましょう。また、不正アクセス時にはログが改ざんされる可能性もあります。特に重要な情報へのアクセス履歴については、定期的にログの確認を行ったり、不審なログが記録された際には自動的にアラートが通知されるように設定したりすることも有効です。取得したログについては、過去に遡った調査にも対応するため、1年以上を目安に保存しましょう。必要に応じて、ログ保存・管理の専用サーバーの設置も検討しましょう。

:: ワーケーション利用者が不正アクセスの疑いを感じたら…

リスクマネジメント対応マップ

リスクの回避と対策

　ここまで、ワーケーションにおけるリスクマネジメントについて紹介してきました。最後に、それぞれのリスクの回避方法や具体的な対策についてまとめてみます。ワーケーションにおけるリスクには、大きく分けると「労働時間管理」「人事評価」「セキュリティ」の3つがあります。

労働時間管理にまつわるリスク

リスク	リスク回避手段	具体的対策
正確な労働時間を把握できない	遠隔地でも出退勤時刻を記録するしくみの構築	・始業時／終業時の連絡の義務化 ・労働時間管理システムの導入

人事評価にまつわるリスク

リスク	リスク回避手段	具体的対策
業務状況を把握できない	日々の業務報告と記録を行う	・メールやチャットで業務内容を報告させる ・終業時に面談を行う
評価基準が曖昧になる	ワーケーション時における評価基準の制定	・勤務場所／職種／部門で偏りのない評価基準を設け、全従業員に明示する
連絡が滞りやすくなる	オフィス不在時の連絡体制を整える	・連絡の取れる手段／方法を事前に提示しておく ・グループウェアを活用してスケジュールを共有する

セキュリティリスク

リスク	リスク回避手段	具体的対策
盗難／紛失	ハードウェア／書類の管理	・貸与を許可するデバイスの制限 ・持ち出しを許可する書類の制限
ウイルス／マルウェア感染	各デバイスにおける感染予防	・利用を許可するアプリケーションの制限 ・セキュリティ対策ソフトの導入
情報傍受／不正アクセス	接続するネットワークの制限・暗号化	・接続を許可する無線LANの制限 ・業務を許可する場所の制限 ・接続方式の指定／導入 ・データ／通信の暗号化 ・MDMシステムの導入

　ワーケーション制度の導入にあたって問題が発生した場合には、上記を参考にして対処するようにしてください。

　なお、ワーケーション制度導入時の直接リスクではありませんが、他の間接リスクも考慮しておくことが必要になる場合があります。企業によっては、ワーケーション制度自体を全社員に適用しない場合もあるかと思います。その場合、ワーケーション制度を導入する部署と導入しない部署との間で不公平感が生まれてしまい、導入していない部署の社員の仕事に対するモチベーションが下がってしまうリスクにも注意が必要です。

　ワーケーション制度を導入する・しないの線引きは、部署別の他に、勤務地別（本社、支店別）や職位別（管理職、一般職など）に行う場合もあるでしょう。ワーケーション制度が魅力的に見えるほど、それぞれの不公平感が浮き彫りになりやすいかもしれません。第2章でも触れましたが、導入前の合意形成をしっかり行っておきましょう。

海外でのワーケーション実施と注意点

　新型コロナウイルスが落ち着き、海外でのワーケーションを検討する従業員も出てくるでしょう。海外旅行のチャンスが長期休暇に限られるという企業も多いかもしれませんが、ワーケーション制度が定着すれば、まとまった休暇以外での旅行が実現できるようになります。また、海外に取引先や顧客が存在する企業にとっては、従業員が海外でワーケーションをすることで、現地の情報を入手しやすくなるというメリットもあるでしょう。ただし、海外でのワーケーションの実施には、いくつかの注意点もあります。具体的には、以下のポイントについて事前に考慮しておくべきでしょう。

- ・ 時差が発生する場合がある
- ・ 連絡手段が限られる
- ・ 費用／保険の扱いを確認する
- ・ ビザ／税金について確認する

　1つ目は時差についてです。欧米など日本との時差が大きい国でワーケーションをする場合には、オフィスで働く従業員との時差を考慮する必要があります。それぞれの国で日中に業務を行う場合には、コミュニケーションの時間が限られてきます。時差を理由に業務の遂行に支障をきたすことがないように、事前の対策を行いましょう。

　具体的には、オンラインミーティングや電話での連絡を行う場合は、時差を考慮してスケジューリングをしておくことが大切です。また、共有スケジュールに日本時間における稼働時間や連絡のつく時間帯を記入しておくことも有効です。

2つ目は、連絡手段についてです。海外でのワーケーションでは、長時間のフライトなど、連絡のつかない時間が発生することが予想されます。そのような電波の通じない時間が生じる場合には、事前に申告・共有をしておきましょう。特に、所持しているスマートフォンが国際通話に対応しているかどうかの確認は大切です。加入プランや設定によっては、国際通話ができない場合もあります。また、海外にかける場合には国際コードのプッシュが必要などの条件もあるでしょう。混乱がないよう、事前にプランの確認や現地での電話番号の周知をしておきましょう。

　3つ目は、費用や保険の扱いについてです。費用の取り扱いについては、基本的には、行き先が海外であっても、国内でのワーケーションにおけるルールに基づいて処理できます。自社におけるワーケーション時の費用の負担先について、あらためて周知しておきましょう。健康保険の取り扱いについても、原則として日本と同じ条件が適用されます。実際に海外で医療費が発生した場合は、いったん従業員が全額実費で支払い、海外療養費を会社に請求してもらうことで返金するしくみとなるでしょう。ただし、給付される金額は日本の医療費を基準とするため、現地での支払額の7〜8割が返金されるとは限りません。自己負担額が大きくなりすぎないよう、海外旅行傷害保険などへの加入もすすめられるでしょう。

:: 海外での医療費を事前調査

最後に、税金やビザの扱いについても確認しておきましょう。給与支払いに関して税金が気になることもあるかもしれませんが、現地に1年を超えて居住する場合を除けば、日本のオフィスで勤務する場合と同様の扱いで問題ありません。海外ワーケーションにおいてビザが必要になるかどうかは、訪問国や滞在期間によって異なります。ほとんどの国では、数日間の訪問であれば、ビザの取得は不要または観光ビザのみの取得で滞在できます。ただし、1ヶ月〜3ヶ月以上の長期滞在をする場合には、就労ビザなどの取得が必要になることもあります。就労ビザを発行してもらえるかどうかは、相手国の法律や審査基準によります。近年では、ワーケーションやリモートワーク向けの専用のビザを発行する国も出てきています。具体的な例を以下の表にまとめておきます。長期でのワーケーションを許可する場合は、これらの国を渡航先として検討してもよいかもしれません。

国	プログラム名称	内容
エストニア	デジタルノマドビザ	月収 3,504 ユーロ以上の証明などで1年の滞在を許可
アイスランド	長期滞在ビザ	月収 1,000,000 アイスランドクローナ以上の証明などで1年の滞在を許可
チェコ	Zivno	5,587 ユーロ以上の銀行口座入金証明、月 80 ドルの現地での税金支払いなどで1年の滞在を許可
ドバイ	リモートワーク・ビザ	月収 5,000 ドル以上の証明などで1年の滞在を許可
モーリシャス	プレミアム・トラベル・ビザ	長期滞在における計画の提示、健康保険の加入などで1年の滞在を許可
バルバドス	バルバドス・ウェルカム・スタンプ	年収 50,000 ドル以上の証明などで1年の滞在を許可

6章

ワーケーションの
効果検証

目標設定と評価責任者の任命

目標を設定しよう

　ここまで見てきた通り、ワーケーションを導入するためには、新しいルールの規定やリスクマネジメントなど、さまざまな準備が必要です。しかし、いくら慎重に準備を重ねても、実際に試行してみると、準備段階では見えてこなかった課題が浮かび上がってくることもあるでしょう。また、ワーケーション制度をただ新設するだけではなく、従業員に長く活用してもらうためには、顕在化した問題を1つずつ改善していくことが大切です。

　さらに、経営者の視点から見れば、ワーケーション制度を使いやすいものとするだけでなく、「ワーケーション制度の導入によってどのようなメリットを得られたか」「ワーケーションの導入目的を達成することはできたのか」といった点を評価することも欠かせません。本章では、こうしたワーケーションの制度改善や効果検証など、制度導入後に行うべきことについて見ていきましょう。

ワーケーションの目標設定

　まずは、ワーケーションの目標設定と評価責任者の任命についてです。ワーケーションの目標設定とは、「ワーケーション導入においてどのようなことを達成したいのか」を明文化することです。第2章で、ワーケーションの目的を明確化することの重要性についてお話ししました。自社の導入目的に基づいて、具体的な目標設定を行いましょう。

ちなみに観光庁では、ワーケーション導入の主なメリットとして以下の事柄を挙げています。ワーケーションの目標も、このようなメリットに関わるものが多いでしょう。こうした例を参考に、自社のワーケーション導入目的に合う目標を立てましょう。

企業側のメリット

・仕事の質の向上、イノベーションの創出
・帰属意識の向上
・人材の確保、人材流出の抑止
・有給休暇の取得促進
・CSR、SDGs の取組みによる企業価値の向上
・地域との関係性構築による BCP 対策
・地方創生への寄与

従業員側のメリット

・働き方の選択肢の増加
・ストレス軽減やリフレッシュ効果
・モチベーションの向上
・リモートワークの促進
・長期休暇が取得しやすくなる
・新しい出会いやアイデアの創出
・業務効率の向上

（出所：観光庁　Webサイト）

なお、目標はできる限り具体化することが大切です。例えば「人材の確保、人材流出の抑止」「有給休暇の取得促進」といった目標を掲げるのであれば、現状の数値を把握した上で、目標数値と達成期限を設けましょう。段階的にワーケーション制度を導入する場合は、中期目標を立てることも有効です。

　「帰属意識の向上」や「ストレス軽減やリフレッシュ効果」など、数値化しにくい目標については、ワーケーション導入の前後でアンケートを行うことで評価しやすくなります。例えば第三者機関が提供する「ストレスチェックテスト」や「エンゲージメントテスト」などを実施することで、効果を客観的に判断できるようになるでしょう。

評価責任者の任命

　具体的な目標設定ができたら、評価責任者を任命します。評価責任者の役割は、ワーケーション導入というプロジェクトの成否を評価することです。導入後の効果を測定したり、利用者に対してアンケートを行ったりして、目標が達成できたかどうかを判断します。目標に達しなかった場合には、原因を割り出し、改善する作業も必要になるでしょう。

　評価責任者の選出候補としては、人事部門もしくは労務部門・総務部門の従業員が考えられます。先述の通り、ワーケーションの効果測定では「人材の確保、人材流出の抑止」や「有給休暇の取得促進」といった項目をチェックする場合があります。また、「仕事の質・モチベーションの向上」や「ストレス軽減やリフレッシュ効果」など、「働きやすさ」に関わる部分を評価するケースもあるでしょう。人事部門や労務部門、総務部門には、このような事項に詳しい人材が多く、適切な評価を行えることが期待されます。

　その他、ワーケーションの適用対象となる部門の従業員の中から評価責任者を選ぶこともできます。実際に制度を利用している従業員や、部下に制度利用者を

持つ管理者であれば、より実態に即した評価が行えるでしょう。

　ワーケーションの導入責任者を決める際と同様、評価責任者もまた、1人に責任や負担を集中させないことが大切です。繰り返しになりますが、ワーケーションという制度をはじめて導入するにあたっては、誰もが初心者です。普段の業務との兼務となる場合や、他部門に制度を導入する場合などは、負荷が重くなりすぎないよう、作業分担を行うなどの工夫をしましょう。

:: 評価責任者の決定と作業分担

2

PDCA管理手法

PDCAとワーケーション

　ワーケーションの制度を導入し、定着させるためには、PDCA管理手法を用いることが有効です。ご存知の方も多いかもしれませんが、「PDCA」とは以下の英単語の頭文字を取ったもので、業務やプロジェクトを継続的に改善するために利用される手法です。

- ・P=Plan（計画）
- ・D=Do（実行）
- ・C=Check（評価）
- ・A=Action（改善）

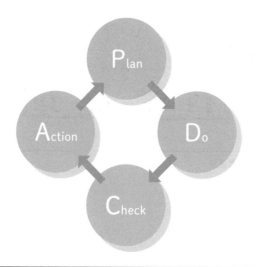

:: PDCAサイクルの繰り返し

ここで、ワーケーションにおけるPDCAについて考えてみましょう。

Plan（計画）…ワーケーション導入段階の計画を立てることです。具体的には、第3章の「ワーケーション事前準備」や第4章の「ワーケーション基本方針策定」などです。また、導入後の改善案の策定などもPlanに含まれます。

Do（実行）…ワーケーション制度の運用を開始し、実際に従業員が制度を利用することです。また、改善案をもとにルールを改定したり、運用方法を変更したりすることもDoに含まれるでしょう。

Check（評価）…ワーケーションの効果を評価することです。ワーケーションの導入目的を達成できたかどうかを、具体的な数値データや従業員に対するアンケートなどをもとに判断します。

Action（改善）…ワーケーション制度をより使いやすく、効果の高いものにするためにルールの見直しをしたり、実施後に明らかになった問題点や課題点を解決したりすることです。

　このPDCAサイクルを何度も回転させることで、ワーケーション制度が従業員にとってより使いやすいものとなり、利用者の増加や制度の定着につなげることができます。ここからは、上記のPDCAサイクルのうち、特に「Check（評価）」および「Action（改善）」の具体的な方法について紹介していきます。

3

ワーケーション導入による定量効果と定性効果

「定量的」と「定性的」

ワーケーションの導入効果を評価するには、「定量的」と「定性的」の2つの視点を持つことが大切です。「定量的」とは数値や数量で評価すること、「定性的」とは数値化できない質的な部分を評価することを指します。評価を定量的に行うべきか、定性的に行うべきかは、評価する項目によって異なります。定量評価・定性評価の両方を組み合わせて評価するべき項目もあるでしょう。例として、第1節で紹介した「ワーケーション導入のメリット」を参考に、評価項目を考えてみましょう。それぞれ、以下のような評価方法が適していると言えます。

☑ 定量的な評価をしやすい効果の例

- ・人材の確保や人材流出の抑止
- ・有給休暇の取得促進
- ・リモートワークの促進
- ・業務効率の向上

☑ 定性的な評価をしやすい効果の例

- ・仕事の質の向上
- ・モチベーションの向上
- ・ストレス軽減やリフレッシュ効果
- ・イノベーションの創出
- ・CSR、SDGsによる企業価値の向上
- ・帰属意識の向上
- ・地域との関係性構築・地方創生への寄与

それでは、定量的な効果と定性的な効果について、詳しく見てみましょう。

定量的な評価の例

数値化しやすい以下のような目標は、定量的な評価が適しています。

- ・人材の確保や人材流出の抑止
- ・有給休暇の取得促進
- ・リモートワークの促進
- ・業務効率の向上

例えば「人材の確保や人材流出の抑止」という目標であれば、ワーケーションの導入前後での採用倍率や離職率を比較することで効果を測定できます。採用倍率の増加や離職率の減少がワーケーション制度の導入によるものなのかを明らかにするために、社員に対してアンケートを実施することも有効です。

例えば新入社員に対して入社理由についてのアンケートを行ったり、離職者の退職理由を調査しデータとしてまとめたりすることができます。入社理由に「ワーケーションが可能なこと」や「働きやすさ、働き方の柔軟さ」などが上がれば、効果として認められます。同様に、「労働環境が悪い」「休暇を取れない」といった退職理由が減少すれば、ワーケーションの効果があったと考えられるでしょう。

「有給休暇の取得促進」および「リモートワークの促進」という目標も、定量評価が適しています。ワーケーションの導入対象となる部署での有給取得日数や、リモートワークの実施日数を記録し、それぞれ増加していれば効果が現れていると言えます。

「業務効率の向上」についての効果は、「業務の成果を労働時間で割る」ことで算出し、定量的に測定することができます。例えば、カスタマーサポート部門の従業員であれば1日当たりの対応件数、営業部門の従業員であればアポイントの獲得件数などを「成果」として、オフィス勤務時とワーケーション時の数値を比較できます。

とはいえ、必ずしもすべての部門の業務が、このように具体的な数値として成果を表せるわけではありません。成果を数値化することが難しい場合は、各業務にかかる時間を比較することで、業務効率を測ることができます。具体的には、普段オフィスで行っている業務をタスクごとに分け、それぞれにかかっている時間を書き出します。そして、それぞれのタスクをワーケーション中に行った場合にどれくらいの時間がかかったかを記録してもらいます。それぞれにかかった時間を比較することで、生産性の変化を客観的に把握できるようになります。

定性的な評価の例

続いて、定量的な評価が難しい目標について見てみましょう。以下のような目標は、定性的な視点から効果を判断することが適しています。

- ・仕事の質の向上
- ・モチベーションの向上
- ・ストレス軽減やリフレッシュ効果
- ・イノベーションの創出
- ・CSR、SDGsによる企業価値の向上
- ・帰属意識の向上
- ・地域との関係性構築・地方創生への寄与

このような目標の効果は、ワーケーション利用者およびその管理者に対してアンケートを行うことで評価できます。具体的なアンケートの実施方法や、問うべき項目については、次節で詳しく解説していきます。

以上のように、ワーケーションの導入効果は、目標に応じて定量評価・定性評価の両方を用いることができます。もちろん、1つの項目に対して定量的・定性的の両面から評価することも可能です。例えば「業務効率」という項目は、定量的にだけでなく、定性的にも評価できます。利用者に対して「仕事のパフォーマンスが向上したと感じたか」「業務をスムーズに進められたか」と質問したり、管理者に対して「利用者の業務の遂行状況はオフィス勤務時と比べてどうだったか」「ワーケーション導入によって、チームや課全体の生産性に変化があったか」などのアンケートを実施したりすることで効果を測ることができます。

　定量評価は、数値で客観的に把握できてわかりやすいというメリットがありますが、数値化できる範囲には限界があります。一方で定性評価は、従業員のモチベーションや働きやすさといった数値化しにくい部分を評価できますが、客観性は乏しくなってしまいます。定量的な評価と定性的な評価を組み合わせることで、より実態に近い効果を測定できるようになるでしょう。

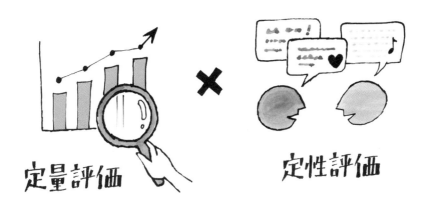

:: 定量評価と定性評価の組み合わせ

4

ワーケーション導入結果アンケート

　ここからは、ワーケーション制度導入後に行うアンケートについて見ていきましょう。ワーケーション導入後に行うべきアンケートは、主に以下の3種類が挙げられます。それぞれのタイプのアンケートについて、詳しく解説していきます。

アンケートの種類	対象回答者	目的
ワーケーションの効果について	ワーケーション利用者およびその管理者	ワーケーションの効果の評価
ワーケーション制度の使いやすさ・ルールについて	ワーケーション対象者	ワーケーション制度の改善
ワーケーション制度の導入について	全従業員	ワーケーション制度の改善・定着

ワーケーションの効果についてのアンケート

1つ目は、ワーケーション利用者およびその管理者に対して、ワーケーションの効果について問うアンケートです。前節で解説した通り、このアンケートではワーケーション実施による定性的な効果を測定します。具体的なアンケート内容としては、各目標に対して以下の質問が考えられます。

目標	質問例
仕事の質の向上	「オフィス勤務時と比べて業務生産性が上がったと感じるか」 「パフォーマンスが向上したと感じるか」 「業務に集中することができたか」
モチベーションの向上	「意欲的に業務に取り組むことができたか」 「今後の業務に対するモチベーションが上がったか」
ストレス軽減や リフレッシュ効果	「ストレスが低減したと感じるか」 「リフレッシュできたか」
イノベーションの創出	「新しいアイデア・企画が生まれたか」 「新しい価値観・視点・発想を得られたか」
帰属意識の向上	「働き方に満足できるか」 「業務を通じて成長できると感じるか」
CSR、SDGs による 企業価値の向上	「ワーケーションが自社の CSR や SDGs の取り組みに貢献すると感じるか」
地域との関係性構築・ 地方創生への寄与	「地域の人との新しいつながりができたか」 「積極的に地域のイベントやと関わることができたか」

それぞれの項目に対して、「はい／いいえ／どちらでもない」の選択肢を用意するか、1〜5などのスコアをつけてもらいましょう。また、どちらの場合も「なぜそう思うか」を問う自由記述欄を設けることが大切です。それにより、より具体的な意見を収集し、今後のワーケーション制度の改善につなげることができます。

なお「ストレス軽減やリフレッシュ効果」といった項目は、専用の調査サービスを用いることもできます。例えば各専門企業が提供しているストレスチェックサービスを導入することで、より正確な評価を行えるようになるでしょう。

また、「CSR、SDGsによる企業価値の向上」「地域との関係性構築・地方創生への寄与」といった目標を掲げている場合は、社外の人にアンケートを行ったり、第三者の評価を参考にしたりすることも有効です。例えば「CSR、SDGsによる企業価値の向上」については、株主からの意見などを参考にできます。また、第三者機関が実施するCSRやSDGsに関連した評価を参考にしてもよいでしょう。

「地域との関係性構築・地方創生への寄与」という項目は、「サテライトオフィス型」「合宿型」「地域課題解決型」のワーケーションを実施した場合に評価するべきものです。この目標を評価するためには、対象となる地域・施設で働く人に対してアンケートを行うことが有効です。また、地域プロジェクトへの参加件数や、地域企業や住民との交流回数、「交流人口（仕事や観光などで地域を訪れる人々）」や「関係人口（地域と多様に関わる人々）」の増減などのデータを参考にすることもできるでしょう。

:: 地域との関係性構築・地方創生への寄与

ワーケーション制度の使いやすさ・ルールについてのアンケート

2つ目は、ワーケーション制度の使いやすさやルールについて問うアンケートです。これは、制度や運用ルールを改善し、今後の定着を図ることを目的として行うものです。具体的なアンケート項目としては、以下のような例が考えられるでしょう。

回答対象者	質問例
ワーケーション利用者	ワーケーションの利用申請において疑問点やわかりにくい点はあったか
	ワーケーション中、旅先で業務を行うにあたって困った点や不便に感じた点はあったか
	ワーケーション後、評価・労働時間の申請・コスト精算などにおいて疑問点や改善すべき点はあったか
	その他、全体を通じて疑問点や改善すべき点はあるか
ワーケーション利用者の管理者	部下のワーケーション利用申請処理において疑問点やわかりにくい点はあったか
	ワーケーション利用者は旅先の業務においてもパフォーマンスを発揮できたか
	チーム内にワーケーション利用者がいても普段の業務が滞りなく行えたか
	ワーケーション後、評価基準・労働時間管理・コスト精算などにおいて疑問点や改善すべき点はあったか
	その他、全体を通じて疑問点や改善すべき点はあるか

上記の例を参考に、自由記述形式でアンケートを行いましょう。利用者・管理者の視点から見た意見を知ることで、今後の制度改善につなげることができます。

ワーケーション制度の導入についてのアンケート

最後に、全従業員を対象にしたワーケーション制度導入についてのアンケートです。このアンケートでは、ワーケーションの未利用者や、制度の適用対象外の部門の従業員も含めて意見を聞くことで、ワーケーション制度の導入に対する全社的な意見を把握することを目的とします。

具体的な質問項目としては、以下のものが想定されるでしょう。

- ・ワーケーション制度が導入されたことに肯定的か、否定的か
- ・今後、ワーケーション制度を利用したいと感じるか
- ・ワーケーション制度を利用しやすいと感じるか
- ・チーム内にワーケーションを利用した従業員がいた場合、それにより普段の業務遂行に影響があったか
- ・ワーケーション適用対象外の部門の場合、その理由に納得できているか。また、働き方について満足できているか

今後の制度改善やそれぞれの設問において、「なぜそう思うのか」という回答理由も書いてもらうようにしましょう。

なお、これらの回収したアンケート結果は、集計して今後のワーケーション制度の改善に利用する他、従業員に対して提示することも大切です。ポジティブな意見・ネガティブな意見の両方を公表し、改善策を提案することで、制度の定着や利用者の増加を目指すことができます。

5

ワーケーション導入後の改善案

よりよい制度にするために

　ここからは、ワーケーション制度の改善についてです。ワーケーションの導入目的を達成するためには、制度の規定や運用方法について改善していくことが欠かせません。ワーケーション実施後に行った定量的・定性的な効果測定や、制度の使いやすさ・ルールについてのアンケートなどをもとに、制度改善を進めていきましょう。具体的には、以下のようなフローで改善を進めていきましょう。

　　①効果やアンケート回答の集約・可視化
　　②原因分析
　　③改善案の立案
　　④改定点の周知

①効果やアンケート回答の集約・可視化

最初のステップは、ワーケーションの効果や実施後のアンケート結果の集約・可視化です。定量的・定性的な効果測定の結果や、従業員からのアンケートをまとめましょう。最初に、ワーケーションの利用者数や利用者の所属部門、利用期間などを集計します。次に、「人材の確保や流出の抑止」「有給休暇の取得・リモートワークの促進」「業務効率の向上」といった定量的に測定できる項目をまとめ、目標数値に達しているかをチェックしてください。

さらに、定性的な評価も参考にするために、従業員に対して行ったアンケート結果をわかりやすい形にまとめます。スコア形式での回答であれば平均を算出したり、自由記述形式であれば回答をいくつかのパターンに分類したりしましょう。それにより、個々の回答から全体的な意見が浮かんできます。

このように、まずはワーケーションに対する従業員全体の意見を客観的に共有できる形にまとめましょう。

②原因分析

効果やアンケート結果をまとめたら、次は原因分析を行いましょう。特に目標未達の項目については、アンケートをもとにその原因を追求します。例えば「人材の確保や流出の抑止」や「有給休暇の取得・リモートワークの促進」といった目標を達成できていない場合は、「そもそもワーケーションの利用者が少ない／制度が定着していない」ことが考えられます。その場合は、「なぜ制度利用者が少ないのか」ということを従業員に対するアンケートをもとに検討し、対処していく必要があります。

原因分析を行う上で大切なことは、目標未達の理由とワーケーション制度導入の因果関係を明らかにすることです。例えば「人材の確保や流出の抑止」という目標が未達である場合、その理由として「社会的な人手不足」「給与や評価制度、人間関係への不満」など、他の要因も考えられます。また、繁忙期には「有給休暇の取得・リモートワークの促進」という目標を達成することが難しい場合もあるでしょう。

いくつかの原因が考えられる場合は、時期や期間、対象部門を変更してワーケーションを実施し、その結果を比較することで明らかにできる場合もあります。

③改善案の立案

原因分析を終えたら、そこで浮かび上がった課題や問題点を改善するための案を考えましょう。例えば「そもそもワーケーションの利用者が少ない／制度が定着していない」という場合は、さらにその原因を追求し、それに応じた改善策を打ち出します。「ルール・規定がわかりにくい」といった原因が考えられるようであれば、規定書の文章を詳しく書き換えたり、従業員から寄せられた質問を集約したQ＆Aを作成したり、専用の問い合わせ窓口を設置したりなどの対応策が考

えられます。また「制度を利用しにくい雰囲気がある」「業務に支障が出ないか不安がある」などの声がある場合は、管理者に対する研修や啓蒙活動を増やしたり、実際の利用者の声や働き方の実例を公開したりするなどの対応により、改善が期待できるでしょう。

改善案の立案にあたっては、このように利用者の声を参考に1つずつ対応していくことが大切です。また、改善案を考える際に忘れてはいけないのは、あくまでワーケーションは「企業としての目標を達成するための手段」であり、「ワーケーション制度を導入すること」自体が目的ではないということです。ワーケーションを実施した結果、当初期待していたような効果を得られなかった場合には、「ワーケーション制度を撤廃する」という結論に到達するかもしれません。企業によっては、自社の成長のためにはその結論がベストであることもあるでしょう。このように、ワーケーションの運用にあたっては「制度の導入によって何を実現したいのか」という目的意識を持ち続けることが大切です。

④改定点の周知

最後のステップは、改定点の周知です。改善案を検討した結果、ワーケーション制度について改定・変更することが決まった場合、従業員に対してその内容を知らせましょう。具体的な変更点や変更の理由を、ポータルサイトや社内報などで周知します。また、ワーケーションの実施にあたって従業員から質問が寄せられた場合は、その回答内容もマニュアルなどに盛り込むようにしましょう。そうすることで、従業員にとって制度がよりわかりやすく、利用しやすいものになります。

　以上のようなフローを辿ることで、ワーケーションの目的を達成することを可能にする、適切な改善を実現できるはずです。

6

経営戦略としてのワーケーション

経営戦略としての新しい制度

　最後に、経営戦略としてのワーケーションについて考えてみましょう。ここまで、ワーケーション導入で得られるさまざまな効果を紹介してきましたが、これらの効果はそのまま経営戦略としても活用できるものです。観光庁が「企業のワーケーションの導入の目的と期待」という調査を行った結果、以下のような傾向が明らかになっています。

ワーケーションの導入の目的と期待	割合
従業員の心身のリフレッシュによる仕事の品質と効率の向上	88.9%
多様な働く環境の提供	88.9%
優秀な人材の雇用確保	55.6%
有給休暇取得率の向上	44.4%
優秀な新卒社員や若手社員の採用および定着率の向上	44.4%
自己成長および会社への貢献	33.3%
隙間時間の有効活用	22.2%
社員どうしによる交流の場を創出し、社員間の関係性を深め一体感の醸成	22.2%
コワーキングスペース等での他企業、他業種との情報交換や人脈形成	11.1%
地域関係者との交流による地域の課題の発見・解決による、地域活性化への貢献	11.1%

表を見ると、「従業員の心身のリフレッシュによる仕事の品質と効率の向上」「多様な働く環境の提供」を狙いとしてワーケーションを導入する企業がもっとも多くなっています。続いて、「優秀な人材の雇用確保」「優秀な新卒社員や若手社員の採用および定着率の向上」や「有給休暇取得率の向上」と回答した企業も多いようです。「従業員のリフレッシュ効果や働きやすさの向上」「有給休暇取得率の向上」は、「優秀な人材の雇用・定着」にもつながるでしょう。このような視点から見ると、ワーケーションは戦略的な人材マネジメントとしても機能すると言えます。

　さらに、「コワーキングスペース等での他企業、他業種との情報交換や人脈形成」「地域関係者との交流による地域の課題の発見・解決による、地域活性化への貢献」に見られるように、人脈形成やエンゲージメントの向上、地域課題解決などといった、自社のビジネスの成長に活かすことを期待している企業も少なくありません。このように、経営戦略という視点からワーケーションを考えると、その効果やメリットをよりイメージしやすくなるでしょう。

　ここからは、実際にワーケーションを導入している企業を参考に、どのような目的で制度を導入し、どのような効果を得ているのかについて、経営的視点から見てみましょう。

福利厚生型・地域課題解決型の併用で新規ビジネスモデルを創出： ユニリーバ・ジャパン

　生活用品メーカーの「ユニリーバ・ジャパン」では、2016年より独自の人事制度「WAA（Work from Anywhere and Anytime）」を導入しています。働く場所や時間を従業員が自由に選択できるという制度であり、これによりワーケーションも可能となっています。「WAA」がスタートして5年以上がすぎた現在、その実施率はほぼ100％となり、以下のような効果が現れているといいます。

- ・有給取得率80％
- ・会社に対する愛着心や貢献意欲の向上
- ・仕事に対するモチベーションの向上

　また、制度の導入から10ヶ月後のアンケートでは、「生産性が上がった」と回答した従業員は75％、「新しい働き方が始まって生活がよくなった」と回答した従業員は67％にも上っています。

　同社では、このような「休暇型・福利厚生型」のワーケーションの他、さらに「業務型・地域課題解決型」の「地域 de WAA」という新しい制度も導入しています。これは、提携する各地方自治体の施設を「コWAAキングスペース」として従業員に開放し、利用者は業務外の時間を使って地域イベント・アクティビティに参加できるというものです。その際、自治体指定の地域課題の解決に貢献する取り組みに参加すると、提携宿泊施設の利用料が割引または無料になるというしくみになっています。「地域 de WAA」を実施した結果、地域との交流をきっかけに、地域限定の商品を開発・販売し、売上増につながっている例も出ているとのことです。ワーケーションが、ビジネスの成長に直接的に貢献できることがわかります。

合宿型ワーケーションから地域課題への発展：
株式会社野村総合研究所

　コンサルティングやITソリューションサービスを展開する「株式会社野村総合研究所」では、2017年から徳島県三好市の古民家にて、平日は通常の業務を行い、週末は休暇を取るという合宿型のワーケーションを導入しています。年3回の実施で各回15〜16人が参加しているという同社のワーケーションは、以下の2点を目的に導入されました。

・従業員の業務モチベーションの維持
・イノベーションの創出

　実際にワーケーションを導入した結果としては、「体験した社員の成長」が実際の効果として現れているようです。ワーケーションを利用した従業員からは「地方に対する課題に対して視野が広がった」「時間の使い方を考え直そうと思った」「地域活動に対して地元の人から感謝の言葉をかけられ感動した」などの声が聞かれ、働く環境を変えることによって、新しい気づきや発見がもたらされたことが窺えます。

　また同社では、社内の人材開発部で三好市を使った人材教育を立ち上げる企画も出ているといいます。地域の人にヒアリングをしながら地域の課題を見つけ、その解決策を考えていくことを目指します。先述のユニリーバ・ジャパンの例と同様に、自社従業員のモチベーション向上などを目的にワーケーションを導入した場合でも、制度が定着することで、受け入れ地域・施設への貢献なども同時に目指せるようになることがわかります。

年2回の合宿型ワーケーションで社員どうしのつながりの強化： 10Clouds（ポーランド）

　続いて、海外のワーケーション導入事例についても見てみましょう。ポーランド・ワルシャワのソフトウェア企業「10 Clouds」では、年2回の「合宿型」のワーケーションを実施しています。オフィス外で働く機会を設けることで、以下のような効果を得ているとしています。

　　・社員どうしの交流機会の創出

　　・リフレッシュ効果

　　・人間関係のつながりの強化

　1つ目は、社員どうしの交流機会の創出です。従来からリモートワークが取り入れられていた同社では、ワーケーションをきっかけにはじめて同僚と顔を合わせることになったメンバーも少なくありませんでした。しかし、ワーケーションで数日間を一緒に過ごすことで、そのような初対面の従業員どうしの間でも、「プロジェクトを通じて一緒に働く」という従来の交流機会にとらわれない親密な絆が生まれたといいます。また、同社のワーキングではあえて異なるチーム・部門の従業員を混在させることで、普段は交流のない人たちとも知り合えるようにしています。これにより、今後のチーム・部門を横断した業務やプロジェクトが、よりスムーズに行えるようになることが期待されます。ワーケーション利用者からは、「顔と名前が一致するよい機会だった」「同僚と一緒に過ごすことで、人間的な部分まで知ることができた」という声が上がっているようです。

　2つ目は、リフレッシュ効果です。2020年、アメリカの大学研究チームが、「さまざまな新しい経験をすることが、ポジティブな感情・幸福感の向上につながる」という研究結果を発表しています。従業員の精神的な健康を重視している同社は、ワーケーションを普段の業務の単調さを打ち砕く手段としても捉えています。実際、利用者からは「自宅で1人で作業するリモートワークから解放される

よい機会だ」と好意的な意見が出ています。

　3つ目は、人間関係のつながりの強化です。同社は、ワーケーションで形成された新しい関係の多くが、ワーケーション終了後も長期に渡って持続していることを発見しました。ワーケーションに参加した従業員は、チーム外の従業員に対してもプロジェクトのサポートのために手を差し伸べようとする傾向が強くなったり、特定の分野で助けが必要な時に誰に頼めばいいのかがわかるようになったりするという傾向が見られているということです。アメリカの人事管理サービスを提供するZ enefitsの調査によると、「職場での強い人間関係は従業員の定着率に大きく影響する」ことが明らかになっています。同社の取り組みは、従業員の働き方への満足度やエンゲージメントの向上など、経営戦略の一部としてワーケーションを取り入れている好例でしょう。

年間30日間どこでも！ TUI Group（ドイツ）

　ドイツの大手旅行代理店「TUI」では、2021年から「TUI WORKWIDE」というプログラムを実施しています。これは、年間最大30日間、海外を含めた好きな場所で仕事ができるという制度です。この新しい制度が開始されて以来、同社の従業員はすでに延べ4,500日間を海外で過ごしているといいます。スペイン、モロッコ、タイ、南アフリカ、オーストラリアなど、さまざまな場所でワーケーションを行う従業員からは、以下のような声が寄せられています。

- ・仕事と休暇の両立が実現した
- ・旅先に滞在することでリフレッシュできた
- ・地方支店で働く社員と交流ができた
- ・業務への熱量や集中力が高まった
- ・柔軟な働き方ができる会社に感謝を感じる

従業員のリフレッシュ効果を高めるだけでなく、社員どうしの交流の場として活用されたり、業務に対する意欲や会社に対する気持ちにポジティブな変化が見られたりしていることがわかります。

　なお、同社では2022年、数ヶ月という短期間で100地域以上において1,500人以上の新社員を募集しています。特に技術職やe-コマースなどの部門では、将来のチームの拠点に関係なく、ヨーロッパ内のどこでも働けるとしています。このように、出身地や勤務希望先を限定せずに採用活動を行うことは、世界中からの優秀な人材獲得につながるでしょう。

　ここまで紹介した例のように、ワーケーションは広く経営戦略に活かすことができます。既存社員の生産性向上を目的として、ワーケーションを福利厚生の1つとして捉えることができます。さらに、ワーケーションは採用人事戦術の1つであるという経営者も少なくありません。人材採用が激化しているいま、競合他社との差別化戦略として、ワーケーション制度の導入は有効な手段の1つになってくるでしょう。自社の経営目標やビジネス戦略も踏まえて、ワーケーション制度の導入を検討してみましょう。

7章

ワーケーション
誘致のポイント

1

ワーケーション誘致で地方活性化

関係人口・交流人口・定住人口

　本書ではこれまで、主にワーケーションに参加する側の立場から解説してきました。最後の第7章では、ワーケーションを受け入れる側、特にこれからワーケーション施設を設営、運営する側にとっての必要な項目や注意点について解説していきたいと思います。

　地方創生関連の書籍やセミナーでよく利用される言葉に、「関係人口」「交流人口」「定住人口」という言葉があります。「定住人口」とは、文字通りその地域に居住する人たちのことを指します。各地域への居住を促すことを目的とした移住セミナーや、移住する人を支援するためのプログラムを用意している自治体もありますが、移住にはコスト的な障害だけでなく、心理的な障害もあります。そのため、各地方自治体の成功例も決して多くはありません。また「交流人口」は、観光客に代表される、一時的にその地を訪れている人たちです。それでは、「関係人口」とはどのような人たちのことを指すのでしょうか？　「関係人口」という言葉の定義として、　総務省のホームページ（https://www.soumu.go.jp/kankeijinkou/about/index.html）から引用したものが下記になります。

> 「関係人口」とは、移住した「定住人口」でもなく、観光に来た「交流人口」でもない、地域と多様に関わる人々を指す言葉です。地方圏は、人口減少・高齢化により、地域づくりの担い手不足という課題に直面していますが、地域によっては若者を中心に、変化を生み出す人材が地域に入り始めており、「関係人口」と呼ばれる地域外の人材が地域づくりの担い手となることが期待されています。

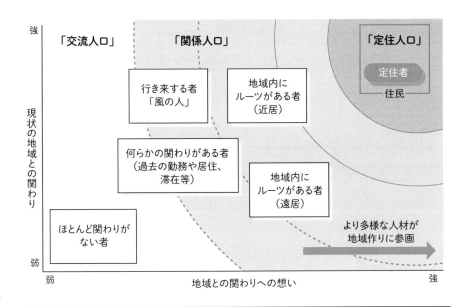

強

「交流人口」　　　「関係人口」　　　　　　「定住人口」

定住者

住民

| 行き来する者「風の人」 | 地域内にルーツがある者（近居） |

現状の地域との関わり

何らかの関わりがある者（過去の勤務や居住、滞在等）

地域内にルーツがある者（遠居）

ほとんど関わりがない者

より多様な人材が地域作りに参画

弱

弱　　　　　　　　　　地域との関わりへの想い　　　　　　　　強

:: 関係人口のイメージ

出所：総務省資料より
国交省ＨＰ：https://www.mlit.go.jp/common/001226948.pdf

　こうした「関係人口」の促進に関して注目されてきているのが、ワーケーションです。ワーケーションは、一般的な観光に比べて滞在日数が長くなる傾向があります。仕事も遊びもその地域で行うワーケーションを実施した人は、その地域に愛着を持つ可能性もあります。このような意味において、ワーケーションに参加した人たちは単なる「交流人口」ではなく、「関係人口」に発展する場合も多々あるのではないかと考えられます。

　近年は、まずワーケーションの受け入れを行い、そこで関係性を深めた後、地域への移住を促進するという方策を考えている自治体も出てきています。今後、地方活性化の手段の1つとして、新たにワーケーション施設を造ったり、金銭面での受け入れを促進したりするプログラムを備える地方自治体も多く出てくるでしょう。

2

ワーケーションの受け入れ体制

仕事中心か遊び中心か

ワーケーションは、P.22で前述した通りいくつかの種類に分類されます。観光庁が推進するワーケーションやブリージャーの種類としては、以下の5種類が挙げられています (https://www.mlit.go.jp/kankocho/topics06_000324.html)。

1.福利厚生型
2.地域課題解決型
3.合宿型
4.サテライトオフィス型
5.ブレジャー型

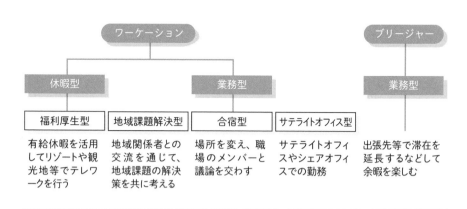

:: ワーケーション実施形態

提供する備品やサービスが異なる

　ワーケーションを受け入れる側としては、観光庁が定義するこれらの実施形態をあらかじめ理解しておく必要があります。来訪者が、主な目的として休暇のために来訪しているのか、仕事（業務）のために来訪しているのかによって、提供するべき備品やサービスが異なる場合があるからです。予約を受け付ける際に、今回のワーケーションの目的についてアンケート形式で質問してみてもよいでしょう。

　利用者の属性を特に限定しない、混合型のワーケーション施設の場合は、特に注意が必要です。例えば、来訪者Aグループは仕事メインの目的でオンライン会議を多用し、来訪者Bグループはバケーション目的で小さな子供がいる家族連れでの参加の場合、共有スペース等の利用規則を事前にお知らせし、理解しておいてもらう必要があります。事前予約をネットで行うワーケーション施設であれば、予約画面であらかじめ小さな子供が訪問予定であることを明示するとよいでしょう。日本の航空会社の予約画面上の座席指定のように、この席には幼児も一緒に座っていますというマークを表示することも得策かと思います。特に幼児もOK、ペットもOKという施設の場合、ワーケーション予約システムに同様のしくみを取り入れておくと、トラブル防止に役立つかと思います。

　もちろん、ワーケーション施設エリア内で小さな子供が騒いでも仕事に支障が出ないように、オンライン会議用の防音ルームを完備するなどできると、施設利用者には非常に喜ばれるはずですし、結果的に他のワーケーション施設との差別化になるでしょう。

周辺地域との連携も

ワーケーションの受け入れ体制としては、施設の備品の充実だけでなく、周辺地域との連携によるサービスレベルの向上も重要になります。来訪者に愛着を持ってもらうには、周辺の観光施設やエコツアー、おすすめの飲食店などをWebサイトで紹介するといった方策もあるでしょう。

場合によっては、医療機関との連携が必要になることもあります。慣れない土地での不安要素を極力削減するためにも、通常の内科医院だけでなく、小児科や歯医者などのスタッフの人となりや診療時間を、ワーケーション施設の受け入れ側として事前に調査、連携しておく必要があるでしょう。

:: 周辺地域や医療機関との連携が必要

3

ワーケーションに必要な環境整備

施設に求められる備品・サービスとは?

　次に、ワーケーションの受け入れに必要な環境整備について考えていきましょう。ここでは、先に行った関東圏のビジネスパーソンへのアンケート「ワーケーション施設に求める備品やサービス」の集計結果をご紹介しながら、ワーケーションに必要な環境整備について考えていきたいと思います。なお、このアンケートは自社でワーケーションを実施する場合の①決定権を持っている、②決定権者にアドバイスを行うことができる方々に絞って質問しています。

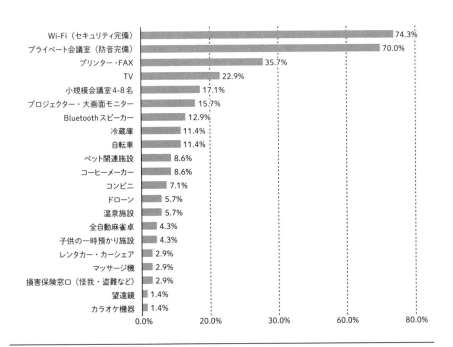

:: ワーケーション施設に求める備品・サービス (n=70)

アンケートの結果、ワーケーション施設の備品・サービスについてもっとも多かった要望が、セキュリティの完備されたWi-Fi環境でした。前述した情報漏洩など、ワーケーションにおけるリスクをできるだけ軽減したいという考えがあるのでしょう。同様に、アンケート対象者の70%以上の人が、防音完備のプライベート会議室を挙げています。ワーケーションにおいては、オンライン会議が必須であることが推察できます。

家族同行時のサービス提供も

　アンケートでは、その他にもペット関連施設や小さな子供の一時預かり施設を挙げている人もいました。自分だけではなく、家族も一緒にワーケーションに参加したいという思いがあるのでしょう。星野リゾートのワーケーション施設では、ワーケーション参加者が3〜6才の未就学の子どもを追加料金なしで4時間預けることができるサービスを提供しています。託児中、子どもは同ワーケーション施設での滞在や、一部の施設ではアクティビティを楽しみながら過ごすことができます。

　なかでもリゾナーレ八ヶ岳では、自然の中で過ごす体験を通して自由な発想と豊かな感性を育むことを目指した、「森の探検隊」というアクティビティに参加することができます。森の中でいろいろな木の実を拾ったり、虫を探したりすることで、自然を知り、学ぶことができるアクティビティが準備されているようです。

【参考】星野リゾートWebサイト
https://www.hoshinoresorts.com/information/release/2022/06/203875.html

損害保険への加入

　アンケートでは、怪我や盗難に備え損害保険への加入を求める回答もありました。現在のところワーケーションに特化した保険は少ないですが、損保ジャパンがワーケーション中の事故などを補償するメニューを発売しています。

　例えば中小企業向けのメニュー「ワーケーション・マスター」では、ワーケーション期間中のノートパソコンの破損、データ不正アクセスによる損害、滞在先での怪我等を補償してくれます。ハード面だけでなく、貸与されたPC内のプログラムやデータの補償も含まれており、コンピューターウイルス、不正アクセスなどによって記録媒体およびプログラム、データなどに生じた損害を補償するという、幅広いメニューになっているようです。免責等について、詳しくは事前に確認するようにしてください。

補償	事故例
①	従業員が滞在先へ持ち出した会社貸与のノートPCを誤って落とし、破損させた
②	会社貸与のノートPCが滞在先で不正アクセスの被害に遭い、会社の所有する重要なデータに損害が生じた
③	従業員が滞在先で家族と観光している最中に転倒し、通院をした 従業員が滞在先で地震により転倒し、通院した

　さらに、損保ジャパンの個人向けのメニューである「ワーケーションサポートプラン」では、怪我や携行品の補償だけでなく、留守中の家財盗難の補償までサポートされているようです。補償内容の詳細に関しては、各保険会社のWebサイトで最新情報を確認しましょう。

【参考】損保ジャパンWebサイト
https://www.sompo-japan.co.jp/-/media/SJNK/files/news/2021/20210407_1.pdf

4

ワーケーション施設の運用

ワーケーション施設の予約経路

　ワーケーション施設の予約経路について、大きく分類すると下記の3つが考えられます。

①施設予約サイトや旅行代理店を通じて個人で予約する
②施設予約サイトや旅行代理店を通じて法人部署（総務・人事等）が予約する
③法人の保有施設、提携施設に直接予約する（部門・個人）

　ワーケーション施設の予約管理について、各施設が独自に予約サイトを立ち上げるのか、既存のワーケーション予約ポータルサイトに登録するのかによっても、予約促進の方向性が異なってくるでしょう。

　ワーケーション予約ポータルサイトに登録するメリットとしては、検索サイトの上位に引っかかりやすい、つまりユーザーに検索されやすいということがあります。しかし、ワーケーション予約ポータルサイトはまだ発展途上です。全国のワーケーション施設を網羅している予約ポータルサイトは、現時点においてほとんど存在しません。予約成立時の手数料についても、無料のサイトから10～20%程度の費用が必要なものまでさまざまです。各ワーケーション予約サイトの規約や掲載条件等を、あらかじめ細かく確認しておく必要があります。

　また、①のように個人が自由にワーケーション施設を予約する場合は、各施設のクチコミレビューが非常に重要になってきます。ワーケーション施設のオーナーとしても、クチコミを書いてもらうしくみ作りが重要になります。「楽天ト

ラベル」や「じゃらん」等の既存のホテル、旅館予約サイトでも、ワーケーション施設の予約を扱い始めています。予約サイトによっては固定費、予約手数料が必要になりますが、施設予約促進の1つの手段として考えてもよいでしょう。

さらにもう1つの方向性として、自社のワーケーション施設の紹介・予約サイト（オウンドメディア）を構築するという選択肢があります。メリットは、予約機能だけでなくワーケーション施設の写真や動画を好きなだけ自由に載せることができるということがあります。デメリットとしては、サイト構築のための初期費用をはじめ、月額の運用費用が必要になります。さらに、検索結果の順位を上げるためのSEO対策費用や、GoogleやYahoo!に支払うリスティング広告費用も必要になるでしょう。なお、オウンドメディアのPR方法については後ほど解説します。

ワーケーション施設の管理人は必要?

ワーケーション施設の運用においてもう1つ重要な点が、施設の管理人の設置についてです。ワーケーション施設の管理人の運用方法には、主に以下の3種類があります。

①管理人が24時間常駐型
②管理人が日中のみ滞在し夜間は不在型
③管理人は原則不在で、事前に鍵を渡す、もしくはキーボックス設置型

この3つの形式は、民泊施設やキャンプ場の運営においても同様に当てはまるかと思います。最近、企業からワーケーション実施の相談を受ける機会が急増してきましたが、やはりリスクマネジメントとして管理人が常駐している施設を希望する総務や人事担当者は少なくありません。特に女性のみのグループのキャンプ場やグランピング施設があるワーケーションでは、かなりの割合で管理人常駐型を希望されています。

同じくリスクマネジメントに関する企業からの要望として、ワーケーション施設の防犯カメラの設置とその閲覧についての相談もあります。ワーケーション参加者を管理したい企業の人事責任者や上長からすると、社員の働きぶりを見たり、事故防止のため監視したりしたいのかもしれません。

　しかし、通常のビジネスにおける店舗やオフィスと異なるワーケーション施設において、それはやりすぎのような気がします。ワーケーション施設は仕事場であると同時にバケーションの場であることもあるため、過度な監視や管理は避けた方がワーケーション制度の運用上、得策かと思います。

:: 管理人の有無と鍵の管理

5

アクティビティコンテンツ事例

さまざまなアクティビティコンテンツ

　ワーケーション施設の選別の重要な要素の1つとして、現地でのアクティビティコンテンツ、つまり体験型の観光コンテンツがあります。具体的なアクティビティコンテンツの例を、下記に挙げてみます。

アクティビティ コンテンツ	内容
サイクリング系	ロードバイクやマウンテンバイクに乗って各名所を巡る 高級電動自転車のレンタルも人気
ハイキング系	子供でも容易にハイキングできる2〜3時間コースが人気 写真映えスポットをパンフレットに明記してあげるとよい
寺院巡り系	有名寺院をバスや徒歩で巡るコース
料理教室系	郷土料理の体験コンテンツ 蕎麦打ちやジビエ料理体験などが人気
食べ歩き系	郷土料理の食べ歩き体験 都心部ではラーメン食べ歩きも人気
ヨガ・ピラティス系	施設にヨガやピラティスの講師が出向き、仕事の合間に 学ぶこともできる
海・渓谷系	ダイビング、SUP（Stand Up Paddleboard）や川下りなどが人気 船釣りや地引網体験もあり

これらの他にも、陶芸体験、生け花体験といった文化系のアクティビティコンテンツも人気が出てきているようです。地域の自然や文化を体験し、学びを得られるエコツアーはワーケーションとの相性がよく、都心の日常生活では体験できないようなアクティビティコンテンツの人気が高いようです。

●里山E-BIKEエコツアー

　静岡県富士宮市にあるワーケーション施設「Mt. Fuji Satoyama Vacation」の人気アクティビティコンテンツに、「里山E-BIKEエコツアー」というメニューがあります。海外のお客様からもっとも人気のあるエコツアーです。最初に専用車で、ワーケーション施設から里山ツアーの拠点（柚野村）に移動します。そこから、地元、富士宮の里山の自然と歴史文化を、E-BIKE（電動自転車）でゆっくりと巡るアクティビティコンテンツです。アクティビティの途中、里から眺める富士山はまさに絶景であり、昼食は地元の方々の手打ちそばを味わえるという、約4時間の行程です。世界遺産の白糸の滝からはじまりE-BIKEで里山をめぐるエコツアーです。川あそび、里山ならではの食、酒蔵見学などを体験します。地域の職人と出会うことで気づきを得られ、ワーケーションに学びを加える上で非常に効果的なアクティビティとなります。地方における課題を知ることで新規ビジネスのアイディアも得られるでしょう。

:: 里山E-BIKEエコツアー（https://satoyama-vacation.com/ecotours/）

このように、「身体を動かす」×「郷土料理を味わう」という2つ、もしくはそれ以上のアクティビティコンテンツを組み合わせたメニューは、参加者からすると時間を有効に使うことができて非常に喜ばれるでしょう。反面、身体を動かすアクティビティコンテンツには怪我の心配があります。前述のワーケーション保険で補償がカバーされている場合もあるので、あらかじめ確認しておくとよいでしょう。

アクティビティコンテンツのオプションサービスとして、地域案内コーディネーターが同行するケースも増えてきています。地域案内コーディネーターは、そのエリアへの移住や交流人口、関係人口の増加を促すことを目的としている方がほとんどです。地方自治体や民間企業に所属し、なかにはそのワーケーション施設に常駐している人も存在します。今後は国内からのワーケーション顧客だけでなく、海外からのインバウンドワーケーション顧客の取り込み策として、外国語ができる地域案内コーディネーターと連携しながら、ワーケーションエリアでのアクティビティコンテンツを充実させていくことも良策と言えるでしょう。

:: 体験型アクティビティ（例：蕎麦打ち）

6

ワーケーション誘致のPR方策

● ワーケーション推進に積極的な省庁・自治体

　ワーケーションを誘致する際のPRとして、自社のWebサイトやブログサイトなどのオウンドメディアや、各メディアに向けたプレスリリースの発信といった方法があります。ワーケーションという言葉がまだあまり浸透していないということも手伝って、ワーケーションに興味を持ちつつある人に、プレスリリースは十分に効果的でしょう。

　また、省庁や各自治体のワーケーション推進部門に直接プレスリリース原稿を送るという方法もあります。下記に、ワーケーションの活性化を特に推進している省庁を紹介しますので参考にしてください。その他、各地方自治体の観光振興や移住促進の担当部署もワーケーションに力を入れているところが多数ありますので、ぜひ問い合わせてみてください。

省庁	ワーケーション推進におけるテーマ
国交省	「ワーケーション＆ブレジャーで地域の課題を解決」というテーマで推進（観光庁）
経産省	「地域との共創」をテーマに推進 健康経営を目的としたワーケーションの推進も
厚労省	テレワークの推進およびガイドライン作成同様にワーケーションも推進
文科省	「どこでも学べる」をテーマに親のワーケーションに帯同する子供の教育問題に注目
総務省	関係人口創出による地方創生をテーマに推進 地域型テレワークのトライアルも
環境省	国立公園または国定公園の自然を活用した滞在型観光コンテンツを推進

各省庁や自治体は、新しい制度としてのワーケーションを推進するために、新しいワーケーション施設やワーケーション参加企業の情報を常に集めています。場合によっては、それぞれが開催するセミナーや広報誌で紹介してもらえるチャンスもあるでしょう。

　ワーケーション誘致のPR手段には、お金をかけない方法もありますし、費用を払って宣伝広告活動をする方法もあります。下記の表に、主なPRおよび広告手段とそのコストを提示したので、参考にしてください。

PR・広告手段	①内容　②コスト
プレスリリース配信	① PR TIMES やドリームニュースなどリリース配信会社を利用 ②原則有料
SNS	① Twitter、Instagram、Facebook などを利用 ②情報発信だけであれば原則無料 　有料の広告で告知拡大も可
検索リスティング広告	① Google や Yahoo! の検索結果広告 ②有料（原則入札方式）
アフィリエイト広告 （成果報酬型）	① A8 やインタースペースなどのアフィリエイトプロバイダーへ登録 ②予約数や問い合わせ数に応じて広告費を支払う（月額固定費が必要な場合もあり）

広告依頼用のオリエンテーション

　ワーケーションのPRや広告は、各ワーケーション施設の人たち自身で実施することもできますが、はじめは広告代理店やPR会社に相談することをおすすめします。これらの協力会社に依頼する際は、あらかじめ下記のようなオリエンシートを作成しておくのがよいでしょう。特にプレスリリースを代行で書いてもらう場合は、オリエンシートの「特長」と「主な施設」の項目をできるだけ詳しく

書いておくとよいでしょう。ワーケーションにおいて、施設やアクティビティの内容は大きな差別化ポイントになるからです。

項目	記入例	備考
施設名	富士宮マウントフジ里山バケーション	
目的	ワーケーション施設予約獲得 企業からの問い合わせ数増加	具体的に予約獲得目標数を明示しても可
期間	2023/3/1 – 2023/5/31	
住所	静岡県富士宮市狩宿 8 - 2	
電話番号	0544-66-5722	
FAX	0544-66-5722	
URL	https:// satoyama-vacation.com/	
定員	最大 16 名　4 人部屋 × 8 グランピングテント	
駐車場	無料駐車場　10 台分	
子供	乳幼児も OK	
ペット	中小型犬 OK ワクチン接種必須	可・不可だけでなく大型犬 NG 等の制約も明記
食事	地産地消 BBQ 朝食（ホットサンド） フリーフェアトレードコーヒー	
特長	すべてのテントから富士山を望むことができる。	
主な施設	会議室　10 名用、4 名用	
	一人用遠隔会議室 × 3（防音完備）	遠隔会議室は需要が多いです
	男女別シャワー（男 2，女 2）	
	キッズルーム	
	ドッグラン	
	日帰り温泉（提携施設　車 10 分）	施設からの所要時間も明記
アクティビティ	電動自転車 × 10 台（26 インチ）	
	モーニング白糸の滝ウォーク	
	以下オプション	提携施設があれば明記
	E-BIKE ツアー、フォレストウォーク	
	ファームトゥテーブル	

体験メニュープログラムの準備

　各企業において、ワーケーションの普及はまだまだこれからという段階です。はじめてワーケーション制度の導入を考えている企業の担当者向けに、PRの施策としてワーケーション施設の視察・体験メニューを準備するとよいでしょう。新制度の導入を社内に提言、もしくは決済する立場の担当者を、割引価格で体験してもらうのです。Webサイトやパンフレットの写真や文字の情報のみに頼らず、現地で実際に体験することによって、リモートでの仕事環境や地域特有のアクティビティコンテンツ等の確認ができます。ワーケーション体験の終了後にアンケートに答えてもらえば、施設側にとっても有益な情報が得られるはずです。

ワーケーションに関する補助金制度

　各自治体がワーケーション施設利用者に補助金を支給する制度も、少しずつ増えてきています。企業としても、ワーケーション導入のハードルを下げるきっかけになるでしょう。補助金にはさまざまなタイプがありますが、ほとんどが旅費、宿泊費、ワークスペースの利用料に対して補助金を支給するというものです。ワーケーション施設をPRする際に、そのような補助金制度の紹介を行うとよいかもしれません。

　ここでは、補助金制度の一例として福島県のふくしま「テレワーク×くらし」体験支援補助金をご紹介します。なお「テレワーク」という明記について、実際は福島県でのテレワークということで、本書ではワーケーションとほぼ同義ととらえています。この補助金制度は、福島県への移住、福島県との二地域居住または福島県との継続的な関係作りを希望する県外在住の方が、福島県内に一定期間滞在し、コワーキングスペースなどでテレワークを行った場合にかかった費用の一部を補助するという制度です。

補助金支給対象者の条件は、下記のようになります。

1.福島県外に存する対象法人[注1]に在職し、県外在住の正規雇用者[注2]

2.福島県外に存する対象法人

3.福島県外在住のフリーランス等

（注1）福島県内に本社、支社、事業所等の拠点を有していない法人をいう。
（注2）社会保険及び雇用保険の被保険者で、雇用期間の定めがない者をいう。

この補助金制度には、長期と短期の2種類のコースがあります。

長期コース

ふくしま"じっくり"体験コース。1〜3ヶ月間、福島県に滞在し、コワーキングスペース等でテレワークを実施するとともに生活環境を体験する際の費用の一部を補助するもの。

短期コース

ふくしま"ちょこっと"体験コース。短期間（5泊6日まで）、福島県に滞在し、コワーキングスペース等でテレワークを実施するとともに生活環境を体験する際の費用の一部を補助するもの。

それぞれ、対象経費として以下のものが該当します。

1.本県に滞在している間の宿泊費（飲食代は除く）

　※旅館業法の許可のない宿泊施設又は住宅宿泊事業法の届出のない住宅に宿泊した場合は対象外

　※交通費及び宿泊費がセットになった旅行商品や自治体等が主催する田舎暮らし体験ツアーを利用した場合は対象外

　※マンスリーマンション等の賃借に係る月額の賃料、管理費、共益費は対象となるが、敷金、礼金、保証金、仲介手数料は対象外

※対象法人が申請する場合は、消費税及び地方消費税を含まない

2.交通費

※公共交通機関利用料及び自家用車やレンタカーの高速道路利用料が対象

※合理的な経路及び経済的な利用料金とし、レンタカー、タクシー及び自家用車の燃料代等に要する経費は対象外

※県内から県外または県外から県内への移動に係る交通費については、業務に関するもののみ対象とする

3.ワーキングスペース等の施設利用料

※コワーキングスペースのドロップイン（1日以下）の利用料、月額基本利用料、初回登録料（必要な場合）、が対象

※ロッカー代や会議室、コピー利用料等は対象としない（ただし、基本料金に含まれる場合は対象とする）

4.レンタカー代（燃料費は除く）

補助率と補助金の上限は、それぞれ以下のようになります。

長期コース

ふくしま"じっくり"体験コース　　補助率：補助対象経費の3/4

補助上限額：1人当たり30万円

短期コース

ふくしま"ちょこっと"体験コース　　補助率：補助対象経費の3/4

補助上限率：1人当たり1万円/泊

その他、補助金支給の詳細条件は該当の福島県のWebサイトを確認してみてください。

その他にも、省庁や自治体が主体となるさまざまなワーケーション補助金制度があります。特に昨今は、日々新しい補助金制度が発表されています。ワーケーション施設としても、所属するエリアの自治体の制度に注視し、有効なものについては新しいPR手段として情報発信するとよいでしょう。

:: 体験支援補助金の募集

【参考】ふくしま「テレワーク×くらし」体験支援補助金の募集について
https://www.pref.fukushima.lg.jp/sec/11025b/teleworkijuhojo.html

【参考】経団連Webサイト
https://www.keidanren.or.jp/policy/2022/069_guide.pdf

ワーケーションにおける
コミュニケーションのかたち

総合地球環境学研究所所長
山極　寿一

1952年、東京都生まれ。
京都大学理学部卒、アフリカ各地で野生ゴリラの研究に従事。
2014年に京都大学総長。
環境省中央環境審議会委員、日本学術会議会長なども務める。
主な著書に「「サル化」する人間社会」「スマホを捨てたい子どもたち」など多数。

コロナウイルスが変えた働き方

　新型コロナウイルスの体験は、我々人間の生活を改めて考えさせるきっかけを作った。中でも、人々の働き方が大きく変化したと思う。これまで家と会社を往復して暮らしていたが、テレワークが可能になってずっと家にいられるようにもなったし、ワーケーションで趣味を兼ねて出かけた先で仕事ができるようにもなった。その結果、人々は会社で対面しなくても、テレワークだけで仕事をすることができるようになったと考え始めている。しかしそれは、人間本来の姿なのだろうか。

人間にあってゴリラにはない3つのことがある。それは「動く」「集まる」「対話する」ことである。

動く………ゴリラは群れで動き、個で動くことはない。
　　　　　人間は個でも自由に移動することができる。
集まる……ゴリラは1つの集団にしか所属できない。
　　　　　人間は自由に自分の好きな集まりに参加することができる。
対話する…ゴリラは言葉をもたないので、声と身ぶりで伝える。
　　　　　人間は言葉で自由に自分の体験を話し合える。

さらに今回のコロナウイルスにより、人々は大きく次の2つのことに気付かされることになった。

・人間には余暇、娯楽が必要であること
・家庭内労働（子育て、家事、介護など）が重要であること

特にテレワークで家庭に長くいたビジネスマンは、子育て、家事、介護が絶対に必要であることを再認識したはずだ。これらのことは人々が生きていくために、協力して行っていく必要がある。当然であるが、これらをオンラインのみで実現するのは難しいということも認識したはずだ。

:: アフリカのゴリラの群れ

ワーケーションにもコミュニケーションを

我々はこれまで「出会って新しい気づきを得ること」により、生きる活力を得てきた。コミュニケーションの本質も、実際に対面で出会って言葉を相互に交わすことにある。ワーケーションにおいては、自宅でのテレワークと同様、同じ会社や取引先の人と現地からオンラインで会議を実施することはできる。しかし、本当にそれでよいのだろうか。

本来のコミュニケーションは、言葉の意味のやり取りだけでなく、もともと個性やバックグラウンドが異なる人どうしが、顔を合わせてそのちがいを感じながら、わかろうとし合うことである。顔の見える関係の相手と時間をともにすることで、社会的な時間を過ごすことができる。コロナ禍においては、なかなか集まることの難しい状況ではあるものの、感染対策を施しながら一緒に食事をすることは、信頼関係を作る上で非常に大切なことである。

ワーケーション環境においても、その場、その時間を一緒に共有する人とは、ぜひそうやってコミュニケーションを取っていただきたい。今後、目指すべきワーケーション環境として、政府や自治体が中心となり、人々が気軽に集まれる場所を数多く作っていく必要がある。つまり、対面でのコミュニケーションが生まれやすくなる環境を作っていただきたい。それが実現すれば、ワーケーション施設においても、人々はたくさんの出会いを経験できるだろう。

本来、働くということはお金を稼ぐだけでなく、生きがいを見つけるための場でもある。その場が今は、テレワークを行う自宅やワーケーション施設になってきている。人が生きがいを見つけるには、他者からの承認や期待が必要である。「自分が社会に認められている。会社に期待されている。」という認識がなければ、何か新しいことをやってやろうという気も起らないはずだ。その承認欲求を満たすために、人々は出歩き（動く）、出会い（集まる）、対話を通じて信頼関係を築くのだ。

ワーケーション推進には、「社員1人ひとりが自ら働き方をデザインする自律主体的な働き方の推進」と「その効果の可視化」が重要

株式会社JTB　執行役員
コーポレートコミュニケーション・ブランディング担当(CCO)サステナビリティ推進担当
ダイバーシティ推進担当
髙﨑　邦子
関西学院大学卒業後、日本交通公社に入社し、団体旅行大阪支店で営業職に就く。関西営業本部広報課長、JTB西日本本社広報室長、CSR推進部長、教育旅行神戸支店支店長などを経て、2018年に、執行役員 働き方改革・ダイバーシティ推進担当。2021年に、執行役員 コーポレートコミュニケーション・ブランディング担当(CCO)ダイバーシティ推進担当。2022年6月より現職。

ワークスタイル変革の1つのカギはワーケーション

　私共JTBが進めているカルチャー改革は、経営ビジョンと経営方針を社員が理解し、共感することによって行動につなげる、つまり「自分ごと化」することによって、コーポレートカルチャーが進化することを目的としています。社員1人ひとりの行動の積み重ねと組織的な発揮の先にあるものが、目指すべきカルチャーであるという考え方です。それを実現させるための2つのエンジンが、「コミュニケーション強化」と「ワークスタイル変革」です。ワーケーションは、このうちの「ワークスタイル変革」の推進に、非常に大きな役割を持つと考えています。

　JTBのワークスタイルビジョンでは、"どこでも誰とでも働ける"をコンセプトに、5つのあるべき姿を定めています。

1．時間や場所に縛られない柔軟な働き方
2．デジタル×リアルを駆使したハイブリッドな働き方
3．社内外における交流促進により、自由闊達な風土とイノベーション創出
4．業務効率化促進による生産性向上
5．ワークとライフのバランスにより、社員の働きがいや働きやすさの向上

この5つのビジョンを実現することで、「新たなJTBワークスタイル」の確立を目指しています。

　「新たなJTBワークスタイル」を確立させるためには、テレワークを含む多様で柔軟な働き方の推進、そして、それを支える人事制度や環境整備などに早期に対応していく必要があります。社員の心理的な安全性を担保しなければ、テレワークをはじめとする多様で柔軟な働き方はなかなか進まず、当然、ワーケーションの浸透も難しくなります。

　JTBでは、コロナ禍を1つの契機と捉え、ワーケーションを含む「テレワーク勤務に関する取扱規則」の拡大など、さまざまな働き方関連諸制度の整備や導入を実施してきました。これらの「制度」は、社員に活用してもらってこそ意味があるものです。単に制度を作るだけでは何も進まず、その制度のインナープロモーション（社内啓蒙）を行い、社員自らが自分に合った働き方を実現するために制度を使おうと行動に移してもらうことが重要です。「新たなJTBワークスタイル」では、社員1人ひとりが制度を活用し自律した働き方を実現することで、その結果として生産性を向上させていくことを目指しています。

　またワーケーションについては、2018年からハワイと沖縄の弊社オフィス内にワーケーションデスクを設置しています。2020年からは適用場所をさらに拡大し、旅先の宿泊施設やコワーキングスペースなどでのワーケーションも可能にしています。

∷ JTBハワイ　ワーケーションデスク

昨年、私自身も淡路島で3泊4日のワーケーションを実施しました。旅行を予定した日程に重要な会議が3つ入ってしまい、最初は淡路島へ行くことを諦めようかとも思いましたが、仕事と休暇を両立できるワーケーションに自らチャレンジしてみました。淡路島のワークプレイスは、目の前が広い海で解放感にあふれ、普段であれば思いつかないような新しいアイディアもどんどん浮かんできました。今年も伊豆でワーケーションを行いましたが、ワーケーションは生産性が向上すると実感しています。

ワーケーションを実施する場合、労働時間の管理方法をはじめ、さまざまなルールを事前に決めておかないと、先ほどお話しした心理的な安全性が担保できません。時間管理という面では、例えば休暇を利用した旅行中の任意の時間帯でワーケーションをしてもいいですよ、半日年休や時間年休と合わせてフレキシブルに利用してくださいね、といった利用方法を周知することもポイントになります。JTBでは、ワーケーション実施者が事前に申請した業務内容と所在地を管理者が把握した上で、Webシステムによる勤怠管理を行っています。

2020年10月以降、すでに150人以上の社員がワーケーションを実施しています。制度を整える以前の2018年4月から2020年9月までは、ハワイと沖縄のワーケーションデスクの利用者は5人でした。制度を作り、しっかりとインナープロモーション（社内啓蒙）を行うことが重要だと実感しています。

ポイントは「働き方を自分で考え自分でデザインする」こと

JTBが社としてワーケーションを推進している理由の1つは、ワークスタイル変革の考え方の根幹に、「自分の働き方は自分で考え自分でデザインする」－誰かに言われてやるのではなく、自身がより高いパフォーマンスを発揮できる働き方をきちんと自分で考えよう、自らのワークスタイルは自らで変えていこう－という考え方を据えているからです。自律主体的な働き方でワークライフバランスを充実させると、モチベーションとエンゲージメントが上がります。モチベー

ションとエンゲージメントの高い社員でなければ、お客様の求める実感価値を創ることができず、よい商品も提案できません。

ワーケーションで普段とちがう環境で仕事をすると、美しい景色を見ている間に何でもできるような気がしてくることもあると思います。創造性の向上、イノベーション創出、リフレッシュ効果も含めて幸福度が上がることによって、結果的に生産性が向上することにもつながると思っています。

今後、ワーケーション推進の一番の課題は、効果の可視化だと考えています。私たちがワーケーションを事業として取り扱っていく中で、そのメリットをどう可視化し、示していくことができるのか。社会、企業、個人、地域、それぞれのメリットをしっかりと考えていく必要があります。

2020年7月の「第38回観光戦略実行推進会議」で、当時の菅官房長官をはじめとする複数の閣僚に、ワーケーションの推進について提言をさせていただきました。その後、政府は「新たな旅のスタイルに関する検討委員会」（2020年10月〜2022年3月）を始め、2022年6月には、私自身も委員として参加する「テレワーク・ワーケーションに関する官民推進体制準備検討会」を関係省庁を横断する官と民で立ち上げるなど、Withコロナ時代の多様な働き方の1つの選択肢となる「ワーケーション」の推進に、国を挙げて取り組んでいます。ワーケーションには、さまざまな形があります。休暇中に仕事を織り込むオフサイト型や、出張の延長で休暇を取得するブレジャー型、さらには福利厚生、人材育成、課題解決、

:: 娘の学校行事の合間にワーケーションを実施する筆者

チームビルディングなどの目的を持って実施する「目的型ワーケーション」もあります。

　働き方の多様化が進む中、「自分で考え自分でデザインする」という自律的な働き方の1つの選択肢として、ワーケーションを行い「普段と異なる環境下で仕事をすることでイノベーションを創出し、よりよいパフォーマンスを発揮できる働き方」を推進していくことは、企業にとっても社員にとってもメリットが大きいと考えています。

　ワーケーションを導入する際、企業側の課題としては、本来の就業規則との関係性やワーケーション実施中に事故が起こった場合の対応方法、また安全配慮義務、労務マネジメントの問題、インフラ環境の整備などが挙げられます。個人については、長期休暇を取りにくい業種はどのような形で取り組むのか。また長期滞在の場合は、費用の問題もあります。その点、昨今のワーケーションプランではリーズナブルなプランをはじめ、さまざまなプランをスタートしておられる施設様が増えてきていることは本当に喜ばしいことです。あとは、子供たちの学校の科目履修。例えば、その地域に行って科目履修ができるような工夫をしていただけると、ワーケーションがさらに注目されると思います。各地域としては、コワーキングスペースが整っているかどうか、そして何より地元の方が、人が来ることをウェルカムとしてくださるかどうかが重要です。訪れる人がその地を気に入ってくだされば、リピートも期待できますし、2拠点居住のような形で地域活性化にもつながっていくと思います。

　ワーケーションが企業や地域にとってメリットがあるかどうか、我々JTBも調査活動を行っています。ワーケーションの実体験をしていただき、本当の意味で地域に入り込んで自然体験や農園体験を行い、地元の方とチームビルディング体験をするといったモニターツアーなども実施しています。まだまだサンプルは十分ではありませんが、「コミュニケーション能力が上がった」「発想力が高くなった」「地域の新たな魅力に気づけた」などという意見が多く、結果は非常に良好です。

実際に現地に行って生の声に触れることの重要性

　弊社が提供するワーケーションプログラムの事例として、沖縄でのサブスク形式による定額会員制リゾートワークサービス『Re:sort@OKINAWA』があります。また「るるぶトラベル」内には、ワーケーションの特設ページを掲載しています。JTBパブリッシングでは、兵庫県の洲本市と連携して、実際にJTBパブリッシングの社員が洲本市でワーケーションを体験し、淡路島の魅力を情報発信して洲本市のプロモーションを行っています。東京にいて、机上の資料や動画を見てプロモーション計画を立てるよりは、実際に現地へ足を運び、観光名所だけではなく農園や飲食店などを訪問し、住民の方と会話をして生の声をお聞きした方が、より説得力のあるプロモーションになり、結果も格段によくなると思います。

　また2021年4月より、　法人のお客様向けワーケーション総合情報サイト『WOW!orkation STORY』（ワオケーション ストーリー）を展開しています。JTBが持つ法人のお客様と自治体のお客様とのネットワークを活かし、「企業（組織・産業・ヒト）」と「地域」とをつなぎ、最適なマッチングを行うことで、オフィス、ホームに次ぐ、第三の非日常ワークプレイスを創出するために、ワーケーションの魅力を引き続き発信し続けていきたいと考えています。

∷ 『WOW!orkation STORY』（ワオケーション ストーリー）

今後、「旅」のスタイルが見直されていく中、付加価値をつけていくための1つの答えはワーケーションの中にあると思います。サステナブルで魅力的な地域を作るためには、ローカル経済圏の中でのエコシステム（地域経済エコシステム）が必要ですし、それを下支えする楽しみ方の1つがワーケーションではないでしょうか。

観光業の課題の1つに、旅行需要の平準化があります。土日祝日ばかりにお客様が集中してしまう需要を平日にも振り向けたい。平日利用も期待できるワーケーションが観光の新しいトレンドになれば、この課題の解決にもつながるのではないでしょうか。また、お客様が旅をきっかけに観光地に住む、それを地域の住民が受け入れる。双方がハッピーでなければ、サステナブルな取り組みにはなりません。もはや、従来のように観光資源があるところだけが「旅先」ではなくなってきています。お客様の繁閑平準化への取り組み、地域経済エコシステムの形成も、我々JTBが取り組むべき課題だと考えています。そのためにも、まずはJTBの社員が自ら実践し、体感した上でお客様にもおすすめしていくというスタンスで貢献していきたいと考えています。

● ワーケーションの導入効果を可視化していくこと

先ほど触れましたワーケーションの効果の可視化については、NTTデータ様、JAL様、JTBの3社で2020年7月27日に共同リリースさせていただいた、ワーケーション導入の効果検証を可視化する取り組みがあります。ワーケーション浸透のために実証実験はとても重要ですが、民間企業だけの取り組みでは、なかなか企業や個人の皆様に動いてもらえる程の動機づけには成り難いところもあります。政府や関係諸団体の皆様にもご協力いただき、ワーケーション導入の効果検証を一緒に可視化していくことが非常に重要だと考えています。

私が実際のワーケーション体験で感じたことの1つに、何のストレスもなく仕事ができるので、ついつい仕事をしすぎてしまうといったことがあります。一緒に

旅行した子供には事前に3つだけ会議に参加すると約束したのに、ついつい次の会議も入れようとしてしまい子供に怒られました（笑）。自分の中で仕事と休暇の切り替えをしっかり行わないと、家族にも迷惑をかけてしまいますよね。また、人によっては休暇を完全に満喫できないという点にも注意が必要だと思います。

　施設面については、ホテルなどを利用する場合、仕事ができる設備があるかどうか、在宅勤務と同様、家族のスペースと自分のスペースを別に確保できるかどうかはとても重要でした。最近はロビーのちょっとしたスペースにワークスペースを作っているホテルや旅館も多くなっていますが、そういった設備があるとワーケーションも実施しやすくなるのではないかと思います。

　またJTBの店舗では、以前に比べてオンライン接客の機会が増えてきています。例えば東京にお住いのお客様が北海道へのご旅行を検討されている場合、札幌の店舗の社員とのオンライン接客を利用され、お申込みをいただいています。それは、東京の店舗にいる社員に比べて札幌の店舗で働く社員の方が、現地にいるからこその情報を持っており、北海道のことをよく知っているからです。

　このように、場所を問わずお客様とのやり取りをオンラインで行うことが進めば、店舗勤務の社員でもワーケーションを実施することが可能になります。例えばオンライン研修の受講や、自分が実際にワーケーションを実施し、その体験を活かしたご案内を行うなど、さまざまな効果が考えられます。法人営業や商品企画に関わっている社員と比べ、店舗勤務の社員はワーケーションで実施できる業務が少ないかもしれませんが、それも工夫次第だと思います。今後、システムや周辺環境の整備がさらに進めば、社員がワーケーション中に「今、北海道に来ています！」と、お客様に現地の景色をリアルタイムでご覧いただきながら旅行商品の提案を行えるようになったり、現地の名物料理や名産品などの実際の様子などをお見せしたりすることができます。こうしたことが実現できるようになると、店舗勤務の社員の働き方も大きく変わりますし、お客様にもメリットを感じていただけるのではないかと思います。

今後環境が整えば、海外でのワーケーションも普通になってくるでしょう。海外では、ワーケーションの考え方が日本よりも進んでいます。日本から海外に行った時に気をつけなければならないのは、時差ぐらいではないでしょうか。そんな時差が問題になるのも対面での打ち合わせの場合だけですから、海外ワーケーションもまったく問題なく実施できると思います。

　今後のワーケーションの市場規模を予測することはなかなか難しいかもしれません。しかし、コロナ禍でもっとも大きく変わったのは、多くの方々が「出社しなくても仕事ができる」「オフィスに集まらなくても、テレワークで仕事ができる」ことに気がついたことだと思います。バケーション先でテレワークで仕事をする、ワーケーションの考え方は、今後もなくならないと思います。

　将来的には、ワーケーションの概念自体が大きく変化していくと思います。特に今のZ世代が社会の中心になった時には、彼らの価値観が世の中の価値観になります。ソーシャルネイティブな世代のダイバーシティ感や、本質思考、共感性を考えれば、地域との共存共栄は当たり前でしょう。そして、今「ニューノーマルな働き方」と呼ばれているものが「普通」になっているでしょう。サステナブル、シェアリング、社会貢献、環境や社会への配慮といった考え方もすべて、ワーケーションにつながる1つのキーワードだと思っています。

　もう1つは、オンラインとオフラインの境界線が消滅していくように思います。例えば、今以上にオンラインは日常使いとなり、リアルかオンラインかといった意識は薄れていくと思います。ワーケーションも、同じように日常になっているのではないでしょうか。ワーケーションは、そうした「流れ」をしっかりと察知した上で進めていく必要があります。だからこそ私たちJTBは、お客様の変化や実感される価値に徹底的に寄り添うことが大事だと考えています。

交流は戻りつつある。リアルの魅力は、絶対的価値

　ワーケーションをはじめ、「旅」という交流の場面においては、やはりリアルのよさはとても重要だと考えています。ワーケーション施設へのアクセシビリティも、例えば2時間かけて現地へ行くことにどれだけの意義と価値があるかは、そのプロデュースの仕方次第だと思います。例え移動中に特別な景色がなくても、訪問先の地域の方との交流を深めるために、その2時間で歴史や方言などの勉強をするというのも1つの楽しみ方です。移動中の時間を、目的地をより深く知るための下準備に使うなど、道中を楽しくするような工夫ができるとよいですね。行った先に、意味を見出す「しかけ」があるのも重要なことです。

　過日、ルスツリゾート様とワーケーションに関するミーティングを実施しました。ルスツリゾートには、施設内に保育士さんや管理栄養士さんがいらっしゃるそうです。滞在先にその道の専門家がいることは、ワーケーションに限らず、施設の魅力としてかなり強いと感じました。ルスツリゾートまでは、首都圏からですと飛行機で新千歳空港まで約1時間30分、空港からバスで2時間程かかります。移動時間が多少かかったとしても、施設に保育所があれば子供がいても安心して仕事ができますし、オフの時間はアウトドア体験などを楽しめます。ワーケーションには、そこに行かなければ体験できないというメリットが必要であり、その点では施設面も整っているルスツは最高だと思いました。仕事に集中した後は、北海道の大自然を舞台にしたアクティビティでリフレッシュ、冬はスキーやスノーボードをしなくても真っ白な雪を見ているだけで幸せな気分になり、仕事もはかどりそうです。

Work×Vacationだけが
ワーケーションではない!

三菱地所株式会社　フレキシブル・ワークスペース事業部
ユニットリーダー
玉木　慶介
テレキューブサービス株式会社 取締役
慶應義塾大学卒業後、三菱地所株式会社入社。経理部、広報部IR室長、ビル営業部戦略営業ユニッ
トユニットリーダ等を経て、2022年4月より現職。

● ワーケーションによる価値創出をサポート

　三菱地所が目指すワーケーションビジネス戦略は「ワーケーションによる付加価値創出」であり、BtoB型を中心にサポートしています。ワーケーションは、お金を誰が負担するのか及びどのように使うのかによって、大きく3つのパターンに分けることができると思います。

　1つ目は、ワーケーションを利用する個人がお金を負担するパターンです。この場合は、個人として「旅行のついでに働く」というイメージになります。これは、BtoC型のワーケーションという定義になります。

　2つ目は、法人企業がお金を負担するパターンです。企業が所有しているか、提携している場所を持ち、従業員がこれらの場所を個人として利用する形式です。いわば、BtoBtoC型のワーケーションと言えるでしょう。

　3つ目は、法人企業がコストを負担し、グループ単位でワーケーションを行うパターンです。プロジェクトチームによる開発合宿やマネジメント層による経営計画策定など、従来であれば本社で行っていた議論を、場所を変えて非日常感の中で行う、いわばBtoB型のワーケーションです。

これら、まったく異なる属性の3パターンがすべてまとめてワーケーションという言葉の中に括られているというのが、私なりのイメージです。

　現在、三菱地所が取り組んでいるのは、BtoB型のワーケーションになります。我々がBtoB型ワーケーションに特化したサービスを提供しているのは、三菱地所がもっとも競争優位にある分野がBtoB型であるからです。三菱地所では、ワーケーション事業はもともと、ビル営業部というテナント企業を誘致する部署でスタートしました。ワーケーションのような新しい事業を行っている他の会社さんは開発部門や新規事業部門が主導的に推進していることが多いのですが、我々はリーシング部隊、つまり需要（お客様）側に立ってそこから出たニーズを拾い上げていこうという考えからスタートしていることが大きな特徴です。

単なるワーケーション施設は造らない

　私たちは、ワーケーションという言葉を「ワーク（Work）」と「バケーション（Vacation）」の掛け合わせではなく、より広い定義で捉えています。例えば、いつもと異なる場所、つまり「ロケーション（Location）」を変えてみる、そしてそこで「モチベーション（Motivation）」を上げましょうという考え方があります。さらには、グループ単位で行うことで「コミュニケーション（Communication）」を活発にし、「イノベーション（Innovation）」を起こしていけるように、皆さまの活動をお手伝いします。

:: Workationに重要な要素

このように、さまざまな「〜ation」を実現できるワークスペースということが、我々が手掛けている施設の定義になります。長期休暇の文化のない日本においては、バケーションに拘泥しないことが大事なのではないか、ということがワーケーションに対する我々の基本的な考え方です。

　我々のワーケーション施設は、プロジェクトチーム単位でのご利用が中心です。グループワークのために作られているので、基本的に1日単位で1社占有でのお貸出しをしております。コロナ禍を契機として急速に広がったテレワーク導入により、従業員どうしが顔を合わせることは確実に減少しました。これまで日本企業は、同じ釜の飯を食うことで組織の求心力を高め、皆で知恵を集結していく経営スタイルが主流でした。通常勤務を行う中で、自然発生的に生まれる人間関係がその基礎を支えていたわけです。従って、働き方が変わり、物理的に同じ場所で同じ時間を過ごす量が減少すると、組織の求心力も低下します。つまり、これまでと同じ方法ではコミュニティの維持が難しくなりつつあるのです。ですから私たちは、企業の健康（良好なコミュニケーション）を維持するためのサプリメントのような形で、一定期間集まって議論する場を設けることが、結果的に組織力を向上させ、付加価値創出能力を高めるのではないかと考えています。

　現在、イノベーションを創出するべく、部門横断型のプロジェクトチームを立ち上げる企業が増加しています。その多くは、毎週1回1時間程度、各部署から選抜されたメンバーが集まって議論を重ね、半年後にプロジェクトのレポーティングをするという形態を取っています。しかし、こうした方法はなかなか成果が出にくい形式であると言われています。例えば1時間の議論の内容を見てみると、最初の5〜10分は先週の議論の復習、最後の10分は来週までのアクションプランについて、慌てて取り纏めています。結果的に議論に使える時間は非常に少なく、発言しているのは1人か2人だけ。これでは議論が深まりにくいのも当然だと言えます。その対策として、私たちは2〜3日間集中的に合宿を行い、深い議論を行うことで効率を上げられると考えています。我々の提供する施設を、そのような場として利用していただきたいと思います。

私たちの事業は、和歌山県白浜町からスタートしました。和歌山県は、日本随一のワーケーション先進県と言われています。白浜町の所有施設はIT系企業のサテライトオフィス用に造られたもので、本来は定住型オフィスの誘致を想定していたものでした。しかし、私たちの新たな試みにご賛同いただき、和歌山の自然に囲まれた中でさまざまな方々に新しい働き方を体験していただくため、私共に賃貸いただいています。

　白浜町の施設に想像以上のご好評をいただいたことから、私たちは2つ目の施設を長野県軽井沢町に開設しました。長野県は、和歌山県と並ぶワーケーション先進県と言われており、中でも軽井沢は別格のブランドを持っています。もともとイタリアンレストランとして利用されていた建物を一棟全体でお借りし、全3部屋を有する施設にリノベーションしました。こちらは、軽井沢に別荘をお持ちの経営者の皆様に使っていただく他、学会や研究発表会等、さまざまな用途でご利用いただいております。

　また、私たちはいまだ黎明期にあるワーケーション市場全体の普及にも努める必要があると考えました。残念ながら一部のワーケーション事業については、自治体の方が「観光客が来ないからとりあえずやってみよう」「古い建物が使われていないのでやってみよう」といった供給側の論理で考え、需要側のことをあまり考えずに施設を造っているケースも散見されます。その施設のターゲットについても、BtoC型なのか、BtoBtoC型なのか、BtoB型なのかがよくわからない状態です。このままでは、目的がよくわからない施設が大量にできてしまい、中長期的な需要喚起もできないまま、結局ワーケーション市場自体がダメになってしまうリスクがあります。

せっかくのよいイノベーションの機会を、大切に育てたい。そのためには、利用者側に立ち、利便性を向上させる必要があると考えました。利用者がワーケーションを思い立っても、1つひとつのワーケーション施設をそれぞれのWebサイトで探していくのは大変です。利用用途に合わせた情報を集約したサイトがあれば、施設側のコンセプトをきちんと理解してもらえますし、利用者の利便性も向上します。我々が現在運営しているポータルサイトでは、こうした活用もできるよう、ワーケーション全体の発信機能も強化していきたいと考えています。この活動は、ワーケーションに取り組む自治体や施設がそれぞれ独自で負担するホームページの作成費用もシェアリング効果で削減できる効果もあり、和歌山県や広島県福山市をはじめ、ご利用いただける自治体も少しずつ増加し始めています。

　このような地道な活動もしながら、利用者の利便性を上げて、結果的に健全なワーケーションマーケットを育てていくことも、我々のミッションと考えています。

企業のワーケーション制度導入はこれから

　現在のワーケーション市場は、供給者側の論理が少し先行しすぎているような気がします。「緑が豊かで、空気がきれいで、温泉もある。しかしお客様が来ない。我々はどうすればよいでしょうか？」といった質問を多くいただきます。しかし、日本のほとんどのローカルエリアは、緑もきれいな空気も温泉も備わっています。それぞれの施設の本当の強みは何かを考え、進めていかなければならないでしょう。私たちがお手伝いできることには、限りがあります。そのため、各地域が自らの強みを自ら考えていくことが大切だと私は考えています。

　一方、需要者側に関しては、やはり人事制度、税制、労災の適用範囲などがまだ整備されておらず、利用者はまだまだ限定されています。しかし、コロナによる移動制限解除後は、流れが変わりつつあります。始めはスタートアップ等の若く、動きの速い企業様のご利用が増え、足元では大企業でもご利用が増えつつあ

ります。その多くは、コロナ禍で減少したコミュニケーションの回復、すなわち
チームビルディングを主たる目的とされています。そのため単に議論だけをする
のではなく、地元ならではのアクティビティも積極的に取り入れ、議論を活性化
させる工夫を行う企業がほとんどです。軽井沢では、カーリング施設を活用する
例も多くみられます。皆が知っているけれど、誰もやったことがない。しかも戦
略的なスポーツなので、コミュニケーションも自然と活性化する。このように、
都心ではなかなか取り入れることが難しい施策の導入も、少しずつですが拡大し
てきています。

政府の補助金、助成金頼みではだめ

　これまで多くの省庁によって、ワーケーションに関する補助金や助成金が作ら
れてきています。問題は、これらに一貫性がなく、俯瞰的な戦略が見えにくいこ
とです。ワーケーションは新しい働き方で、効果検証も定量的には進んでいませ
ん。そのため、企業にとっては一歩目を踏み出すハードルがまだ高いというのが
現状です。最近増えてきている制度として、移住するためのお試し期間として自
治体がコストを補助しますというものも多く見られます。また、移住を支援する
施設を造るイニシャルコストの一部を補助しますという制度も多く活用されてい
ます。もちろん移住準備のためのサポートや施設を造るためのサポートも重要で
すが、私が考えるもっとも有効なサポート、つまりお金の使い方は、ワーケー
ション需要を引き込むためのプロモーションサポートです。自分たちの施設の差
別化を対外的にアピールすることに取り組まない限り、結局は自分たちの強みは
なにかということを考えなくなってしまうのです。まずは、潜在需要者にアピー
ルするためのプロモーションに補助金や助成金を活用することが、非常によい方
策だと私は考えています。

ワーケーション施設の差別化戦略とは

　ワーケーション施設では、移動時間の効率性が重要な要素になります。移動に長時間かかってしまえば、それだけで1日潰れてしまいます。結果として、限られた時間の中、施設で議論する時間が足らなくなってしまいます。移動時間にも議論ができれば問題ないのですが、飛行機や新幹線内では限界があります。そこで、我々の施設は都心から1時間半程度を目安に展開しています。もちろん、一概に遠いワーケーション施設がダメだとは思いません。長期滞在や、さらには移住を検討とする場所として、都心から遠いワーケーション施設も、それを前提とした商品として作り上げれば、十分競争力があると思います。

　多くのワーケーション施設は、差別化戦略として豊かな自然で勝負しようとしているところが多いです。しかし、同様に豊かな自然を売りにしている施設が多すぎるため、差別化は難しいでしょう。ある自治体の方から、「我々のエリアはこの地域の小京都と言われているので、それをメインに勝負したいと考えていますがどう思いますか？」と相談されたことがあります。しかし、小京都だけを売りにしていては、実際の京都と比較された時に勝ち目がなくなります。ですから、観光的な目線に囚われず、例えば地元の面白い企業や団体と一緒にコラボレーションする等、さらなる工夫が必要なのではないかと考えています。先ほど触れた軽井沢のカーリングは、そのよい例です。カーリング施設という地域の特性を最大限活用し、そこでしかできない体験を提供するのは、大きな差別化につながると考えています。

　余談になりますが、カーリングを利用するなら、あなたはワーケーション日程のどこに入れるのがよいと考えるでしょうか？　多くの方が、最終日の打ち上げ時に実施しようと言うことが多いそうです（私も最初聞かれた際にはそのように答えました）。しかし、正解は行程の最初なのです。議論を始める前にカーリングを取り入れることで、互いの人となりをわかりあい、これからのチームディスカッションをどのように行っていけばよいかの肩慣らしの場になるのです。

ワーケーションプランは、どの企業もまだまだ試行錯誤の段階です。我々としても、今後サポートさせていただきたいと考えています。

　今後、私たちにとっての働く場は、一層、その目的を問われることとなるでしょう。オフィス内部もそうですし、私共が手掛ける、ビルのエントランスや駅に設置しているテレキューブ（防音型のスマートボックス）のようなワークスペースも同様です。どのような目的でその場を利用するのか？　その理由を明確にすることが、今後一層求められるようになると感じています。私たちはワーケーションをはじめ、これからも新しい働き方を提案し、日本経済の活性化に、そして豊かな社会生活を実現するために、これからも微力ながら貢献していきたいと思っています。

:: テレキューブ

日常と非日常のちがいを明確に

ビートレンド株式会社
井上　英昭
1984年 日本ディジタルイクイップメント株式会社 入社
1995年 日本オラクル株式会社 入社
同社 ビジネスアライアンス事業本部営業部長
2000年 ビートレンド株式会社設立 代表取締役社長 就任（現任）
2020年　東証マザーズ（現東証グロース）上場

日常空間と非日常空間

　現在、当社ではワーケーション制度導入のための準備を行っています。当社は仕事の生産性が上がる働き方があればなんでもやってみようという考えを持っており、現在は自宅からの在宅勤務制度（テレワーク勤務規定）を取り入れています。しかしワーケーションを導入する上で、在宅勤務とワーケーションはまったく別のものとして考えています。東京都の推奨もあり、自宅でのテレワークを始めたころは、その働き方自体が新鮮で、仕事の効率が上がってきた気がしていました。しかし、次第に在宅勤務に慣れてくると、それが当たり前になり、どこかに出かけて仕事をしたいという気持ちになってきたのです。

　個人としては、アウトドアでのアクティビティを趣味の1つとしていることもあり、ワーケーションのように仕事と余暇のアクティビティの両方を取り入れた制度の普及は、とても興味深いことだと考えています。オフィスと自宅は日常空間であり、それ以外の場所は非日常空間であると、私たちはとらえています。しかし、気分転換のためには非日常空間で働くことも重要なのではないでしょうか。

　人間がよい仕事をする上では、日常空間だけでもダメですし、非日常空間だけでもダメであると考えています。特に最先端のITビジネスを遂行する上で効率のよい業務を実践するには、この2つをハイブリッドで展開させることで、相互に相乗効果を発揮させることが重要だと考えています。

:: 日常空間と非日常空間の差別化が重要（パソナ＠淡路島の視察にて）

ワーケーション制度の導入に向けて

　我々はワーケーション制度の導入に向け、現在の在宅勤務制度（テレワーク勤務規定）を一部カスタマイズしていくことを構想しています。また、在宅勤務と遠隔地でのワーケーションの間に存在する働き方を「モバイルワーク」（モバイル勤務規定）と呼んでいます。モバイルワークは、在宅勤務が当たり前になり、少し飽きてきてしまった社員に多い働き方で、自宅近くのカフェやレストランで仕事をすることを指しています。モバイルワークも、毎週数回行っていると次第に非日常空間ではなく、日常空間になってくるでしょう。また、社員それぞれの家族構成や住居環境によって、自宅でのリモートワークの形式も異なってくるでしょう。

　このように、さまざまな働き方をしている社員からのヒアリングを実施し、仕事の生産性を向上させる策について耳を傾けながら、新しいワーケーション制度の導入を熟考しています。

ワーケーション制度のトライアル導入としては、下記のような方針で最終設計中です。

・役職、職種を問わず全社員を対象とする
・社員1名につき年間一定額のワーケーション補助金を支給する
・ワーケーションに必要な旅費、宿泊費等の50％を支給対象とする
・実施場所は本人が非日常空間と認識する場所であれば特に問わない

　細かい規定等はまだまだこれからですが、なるべく早めに導入し、その半年から1年後くらいに効果検証をしていきたいと考えています。今回、ワーケーションの実施場所は特に限定していません。例えば、練馬在住社員が池袋のホテルでワーケーションを実施してもOKです。沖縄や北海道などの遠方へ行く人と、関東甲信越、東海など、東京から1〜2時間圏内の近場に行く人との間に生まれるさまざまなちがいや傾向を、早く検証してみたいです。

これからのワーケーション

　今回、実際にワーケーション制度を設計してみて、ワーケーションの費用を企業がどこまで負担するべきかについていろいろと考えました。政府の各機関へのお願い事項として、早めにワーケーション制度の具体的な展望や枠組みを示していただきたいと考えています。各ワーケーションエリア（地域・自治体等）への国から地方への費用支援はもちろんのこと、地域・自治体から我々企業への助成金・補助金等の費用負担、企業側が費用を負担する支援金の税制制度が今後どうなるかについても、非常に興味を持っています。先に述べましたが、現在のワーケーション制度で社員への費用補助を実施すると、社員それぞれが所得税を負担する必要があるかと思います。ワーケーション制度を推進していくのであれば、所得税控除などの新しい税金制度についても早めに指針を出していただきたいです。

またもう1つの提言ですが、ワーケーションで訪問する人と受け入れる地元企業の人との融合を推進することが、今後の日本企業の発展へとつながると考えています。地方の会社に空いている会議室を提供していただき、ワーケーションで訪れた人に利用してもらうといったしくみを作るというのはいかがでしょうか。訪問者は、単に会議室を借りて作業をしたり、オンライン会議に参加したりするのではなく、地元企業の社員との間でディスカッションをする場を作ることで、面白い化学反応が起こると思っています。都市圏と地方の企業との融合が促進されれば、これまでにないまったく新しいアイディアも生まれてくるでしょう。自治体にとっては、多額のワーケーション補助金を出すということではなく、例えばセキュリティが完備されたWi-Fi環境整備やオンライン会議ブースの設置の費用のみを負担いただくというところからでもよいのではないでしょうか。

　また、地元企業がスペースマーケットやTKPのようなレンタル会議室やカフェを提供するプラットフォームとしてワーケーション環境を登録すると同時に、各地元企業が求めるビジネスのマッチングもその仲介サイトで実施することにより、新しいビジネスの創出やアライアンス展開など、さらなる活性化も期待できるでしょう。

　新しい制度を導入するには、さまざまなリスクが付きものです。しかし、いろいろと机上で考えることも必要ですが、まずはやってみるという行動力が、　我々ベンチャー企業にとっては重要だと今回あらためて思っています。いつか、ワーケーションという言葉自体が当たり前になる日も、そう遠くはないと思います。

:: 地元企業と訪問者のマッチングも重要
（パソナ@淡路島の視察にて）

地方の遊休資産をワーケーション施設として いかに活用するかが鍵

JR東日本スタートアップ株式会社
マネージャー

阿久津 智紀（※取材当時の所属）

1982年、栃木県生まれ。専修大学法学部法律学科卒業後、JR東日本へ入社。駅コンビニ『NEWDAYS』店長や店舗開発、自動販売機の飲料品バイヤー、青森産シードルの開発・事業化などを経験
2019年7月に株式会社TOUCH TO GOを設立し代表取締役社長に就任

ワーケーション施設に必要な条件

　ワーケーション施設は、仕事環境になんらかのプラスアルファの付加価値がないと絶対に成り立たないと思います。地方へ行って仕事だけしましょうという施設ですと、お客様からなかなかその対価をいただけないはずです。例えば、新潟のスキー場のGALA湯沢の場合、基本的に1年の間の半分しか稼働していない場所であり、約半年間は遊休資産となっているわけです。

:: GALA湯沢　ワーケーション施設

雪が溶けて春夏秋の季節はさまざまなエクストリームアクティビティなども実施できるよう、現在、模索しています。今後期待されるワーケーションの普及は、そういった施設の有効活用の起爆剤にもなると考えております。

　さらにワーケーション施設に必要な条件として、都心からのアクセスの利便性もあると思います。GALA湯沢の場合、東京から電車で約2時間、車での移動も高速道路のおかげで非常に便利なアクセス環境を備えています。

ワーケーション参加者にいかにリフレッシュして帰ってもらうかも重要

　今回（2020年秋）、GALA湯沢のワーケーションモニタープランを企画し、さまざまな企業の方に参加いただきました。少人数のチームビルディングのようなものを目的として始めたプランです。このプランは、山林の中を歩くトレイルウォークを中心に身体を使っていただいたり、夜は美しい星空の下や、最新のテントの中で経営幹部会議などを行っていただいたりすることを目的としております。チーム単位でのトレイルウォークでは、普段オフィスで一緒に働いている先輩や同僚のいつもとは異なる側面を見ることができ、新たな発見をしていただくことも多々あります。

　湯沢と言えば、温泉も有名です。今回のモニタープランでは実現できませんでしたが、ワーケーション参加者が越後湯沢の温泉につかり、疲れ切った身体を癒して帰っていただくプランも、今後は考えていきたいですね。地方の活性化という意味でも、GALA湯沢と周辺の町がうまく連携して、ワーケーション参加者の方に楽しんでお金を落としていただく施策も必要になりますね。

JRグループとスタートアップ企業との連携促進

　私のミッションの1つに、JRグループとスタートアップ企業との連携を促すことがあります。今回のワーケーションモニタープランも、GALA湯沢とスタートアップである株式会社TENTさんとの連携プログラムです。トレイルウォーキングのプランをはじめ、ランチやディナーの献立など、細かいところまで手が行き届き、我々としても非常に助かっています。スタートアップ企業には、ビジネスを進める上で、素早さや小回りの利く面で非常に期待しております。我々としても、そのようなスタートアップ企業を事業連携面ではもちろんのこと、資金面でもサポートさせていただくつもりです。

:: ワーケーション風景（朝ヨガ教室）

ワーケーション施設としてのリスクマネジメント

　日本全国でワーケーション施設はまだまだ数少ないですし、そのほとんどが試行錯誤の段階です。今回のワーケーションモニタープランを実施してわかったことですが、参加者が安心して利用できるワーケーション施設として、テントだけ

でなく建屋もあり、万が一の強い風雨をしのげる環境が必要です。あとはトイレやシャワー、電気のインフラが装備されていることが、自然の中で安心して仕事をする上で必要になってくると思います。大自然の中に、1からワーケーション施設を作ることは大変で、資金もかなり必要になってくるかと思います。今後は廃校になった施設の有効活用もできるといいなと考えています。

　また自然の中で遊んでいただく場合は、参加者の方がケガをしないような注意も必要です。今回のトレイルウォークも、協力会社の経験を積んだスタッフにプランを考えていただきました。また万が一に備え、参加者全員、傷害保険にも加入しておりました。我々としても、このような安全性のケアに注力し、リスクマネジメントに対するノウハウを積み重ねることが、他のワーケーション施設との差別化戦略になってくるはずです。各企業の経営層や人事部門としても、ワーケーション実施中の社員のケガがもっとも心配になる課題の1つになるかと思います。まだまだ手探りの状況ではありますが、今後どんどん知見を蓄積していきたいですね。

:: GALA湯沢

当たり前を特別な空間に

富士宮市　企画戦略課　地域政策推進室
室長
佐野　和也
1993年
富士宮市役所入庁
企業誘致担当、広報担当、食のまちづくり担当などに携わる
2018年
企画戦略課　地域政策推進室長

富士宮ならではのワーケーションの形

　富士宮市は、富士箱根伊豆国立公園を保有し、富士山をはじめ、広大な森林、高原、豊富な湧水等の恵まれた自然環境があります。素晴らしい国立公園のおかげで、朝霧高原を中心としたキャンプ場には、年間50万人以上の方が訪れています。我々はこの貴重な自然環境を市外の方々に知っていただくと同時に、一緒に協力しながら保護していきたいと考えています。

　新型コロナウイルス感染拡大により、富士宮市への訪問者のニーズが変化してきています。ツアーやアクティビティ中心の観光から、生活を変えるまたは生活の場を変えるといった価値観に変わってきています。また私共が実施したアンケートやキャンプ場での聞き取り調査によると、キャンプ客の数はコロナ禍の中でも増加しており、アウトドア人気の根強さを示しています。

　富士宮市民にとっては当り前の風景・時間が、都会の人にとっては特別なものになると感じています。ワーケーションを通じて、この素晴らしい空間と時の流れを直接感じていただきたいと考えています。

:: 富士宮市　ふもとっぱらキャンプ場

平日の交流人口、関係人口

　富士宮市では、首都圏の企業を対象にワーケーションのモニターツアーを実施しています。ワーケーションの促進は、これまでの個人観光客に加えて、市内の平日の交流人口、関係人口の増加につながると考えています。また、キャンプ客の中には、何度もリピートで利用する方も少なくありません。富士宮市は、首都圏や中部都市圏から適度な距離であり、企業のワーケーションにおいてもリピート利用が期待できます。最終的には、企業のサテライトオフィスの誘致、さらには移住の促進にもつなげていけると確信しています。

:: ワーケーションモニターツアーの様子（マウントフジ里山バケーション）

SDGsをテーマとした新しいワーケーションを

世界遺産「富士山」のある町として、富士宮市は『富士山を守り　未来につなぐ　富士山SDGs』を掲げ、内閣府の令和3年度「SDGs未来都市」に選定されました。昨今のSDGsへの注目度の高まりにより、企業から市へのSDGsに関する相談も増えています。

首都圏企業をターゲットに、富士宮市がワーケーションの誘致に動き出して3年が経過しました。これまでのモニターツアーの評価などから、企業を相手にしたワーケーション誘致には、業務時間の活用として富士宮市を訪れるための理由が必要だと感じています。そこで富士宮市では、「富士山SDGs」をテーマに国立公園を活用し、富士山麓の豊かな自然や富士山と向き合いながら暮らす地元住民との交流を通じて、SDGsの気づきを得てもらうワーケーションを提案しています。

:: 富士宮市SDGsロゴ

今後、「富士山SDGs」をテーマにした富士宮市ならではのワーケーションを構築することで、訪れた企業が、すでに取り組んでいるSDGsを再認識するヒントになるのではと考えています。

ビジネスパーソン　アンケート

ワーケーションに関するアンケート

2022年7月実施（n=70）

1 **男女** （男）（女）（その他）

2 **年代** （20代）（30代）（40代）（50代）（60代）（70代）

3 **職位** （経営者）（管理職）（一般職）

4 **ワーケーションを知っているか**

（良く知っている）（名前はきいたことある）（知らない）

5 **ワーケーションの経験**

（あり）（なし）（類似形態はあり（ブリージャー含む））

6 **ワーケーションをやってみたいか**

（是非やってみたい）（やってみたい）（どちらでもいい）

（やりたくない（理由））

7 **ワーケーション制度を社内で採用したいか**

（是非採用したい）（採用したい）

（社内で要望があれば採用したい）（採用したくない（理由））

8 **ワーケーション制度導入の懸念事項**

（費用面）（部署による不公平感）（怪我や事故）

（情報漏洩等セキュリティリスク）（その他（自由コメント））

9 | ワーケーションに期待すること

(社員のリフレッシュ) (生産性向上（新規アイディア等）)
(休暇取得率向上) (リクルーティング活動の活性化)
(その他（自由コメント）)

10 | ワーケーション施設に求める備品・サービス

(選択式+フリーコメント)

11 | 海外ワーケーションを取り入れたいか

(取り入れたい) (既に実施) (無し)

1 | 性別

男	77.1%	54
女	22.9%	16

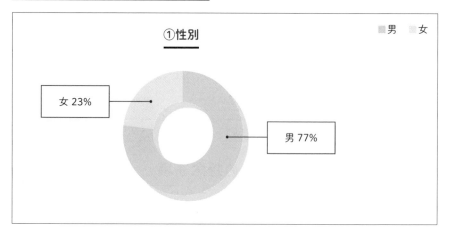

①性別　　　　　　　　　　■男　■女

女 23%　　　　　　　　　　男 77%

2 | 年代

	男	女
20代	3	1
30代	11	5
40代	16	8
50代	22	2
60代	2	0
計	54	16

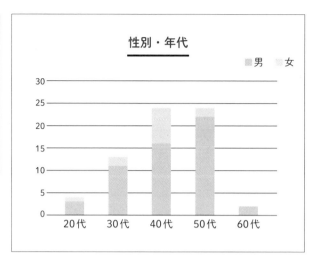

3 | 役職

職位	人数
経営者	39
管理職	26
一般職	5
計	70

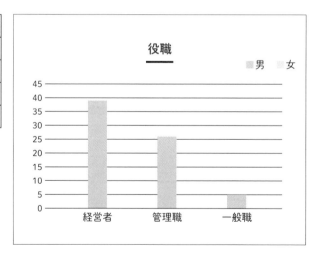

4 ┃ ワーケーションを知っているか

よく知っている	11.4%	8
名前を聞いたことある	85.7%	60
知らない	2.9%	2
計		70

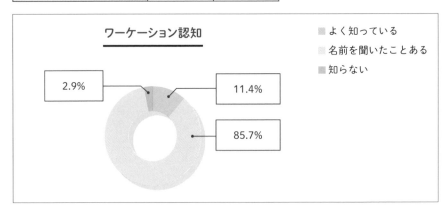

5 ┃ ワーケーションの経験

あり	11.4%	8
なし	77.1%	54
類似形態あり（ブリージャー含む）	11.4%	8

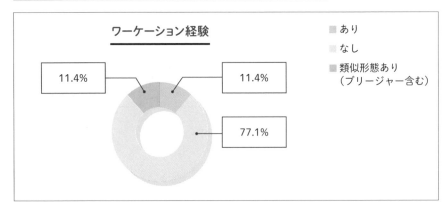

6 | ワーケーションをやってみたいか

是非やってみたい	25
やってみたい	31
どちらでもいい	13
やりたくない（理由）	1

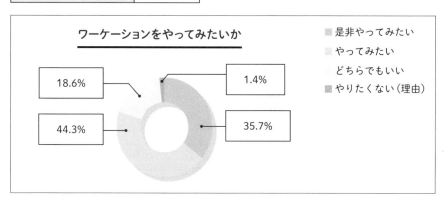

7 | ワーケーション制度を社内で採用したいか

是非採用したい	16
採用したい	19
社内で要望があれば採用したい	28
採用したくない（理由）	7

（理由）職種により不公平感ある
遊んで終わり・管理ができない
仕事の生産性があがらない

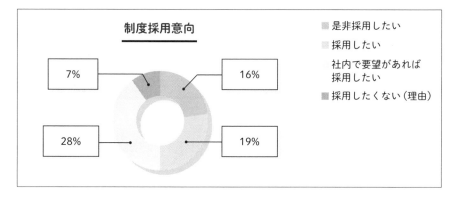

8 ┃ ワーケーション制度導入の際の懸念事項

費用面	23
部署による不公平感	44
怪我や事故	26
情報漏洩等セキュリティリスク	48
特に無し	11

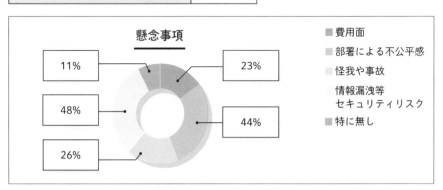

9 ┃ ワーケーションに期待すること

社員のリフレッシュ	41
生産性向上（新規アイディア等）	39
休暇取得率向上	36
リクルーティング効果	18

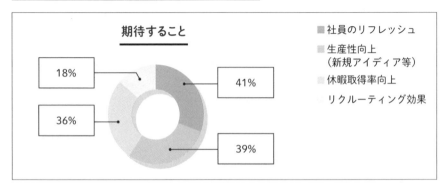

10 ┃ 施設に求める備品・サービス

Wi-Fi（セキュリティ完備）	74.3%	52
プライベート会議室（防音完備）	70.0%	49
プリンター・ＦＡＸ	35.7%	25
ＴＶ	22.9%	16
小規模会議室 4-8 名	17.1%	12
プロジェクター・大画面モニター	15.7%	11
Bluetooth スピーカー	12.9%	9
冷蔵庫	11.4%	8
自転車	11.4%	8
ペット関連施設	8.6%	6
コーヒーメーカー	8.6%	6
コンビニ	7.1%	5
ドローン	5.7%	4
温泉施設	5.7%	4
全自動麻雀卓	4.3%	3
子供の一時預かり施設	4.3%	3
レンタカー・カーシェア	2.9%	2
マッサージ機	2.9%	2
損害保険窓口（怪我・盗難など）	2.9%	2
望遠鏡	1.4%	1
カラオケ機器	1.4%	1

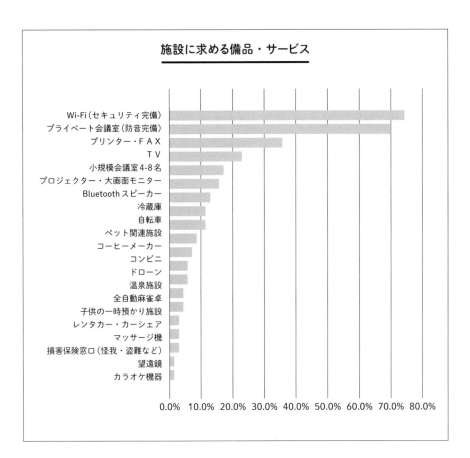

施設に求める備品・サービス

項目	割合
Wi-Fi（セキュリティ完備）	
プライベート会議室（防音完備）	
プリンター・ＦＡＸ	
ＴＶ	
小規模会議室4-8名	
プロジェクター・大画面モニター	
Bluetoothスピーカー	
冷蔵庫	
自転車	
ペット関連施設	
コーヒーメーカー	
コンビニ	
ドローン	
温泉施設	
全自動麻雀卓	
子供の一時預かり施設	
レンタカー・カーシェア	
マッサージ機	
損害保険窓口（怪我・盗難など）	
望遠鏡	
カラオケ機器	

0.0%　10.0%　20.0%　30.0%　40.0%　50.0%　60.0%　70.0%　80.0%

196

11 ┃ 海外ワーケーションを取り入れたいか

取り入れたい	21
既に実施	0
取り入れたくない	35
今はわからない	14

＜フリーコメント＞ 海外ワーケーションを実施する際は渡航先を限定しないと
リスクが高い
費用がかかりそう
海外旅行好きにとっては有効活用できそう

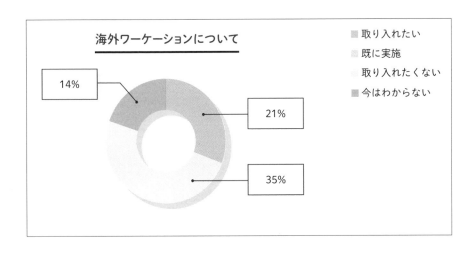

ワーケーション事例集

❶企業名 三井化学株式会社

❷費用負担 自ら選択した勤務地の往復費用は自己負担

❸労働時間の扱い フレックスタイム制（コアなし）、半日単位年次有給休暇 取得可能

❹実施場所 自ら選択可能

❺目的 人材戦略の重点課題である「社員エンゲージメントの向上」

❻期待効果 優秀な社員のリテンションに効果あり
自律的で自由な働き方ができる会社として、採用ブランディングの面でもプラスに働いている

❶企業名 ヤフー株式会社

❷費用負担 ワーケーション先への交通費は自己負担

❸労働時間の扱い フレックスタイム制（コアなし）、時間単位年次有給休暇 取得可能

❹実施場所 自ら選択可能

❺目的 地域への貢献を拡大する働き方/リフレッシュしながら働ける環境整備

❻期待効果 2022年4月に働く場所を限定しない「どこでもオフィス」制度をスタート
業務の生産性向上

❶企業名 横川電機株式会社

❷費用負担 自己負担であるが、保養所の活用やモデルプランの提示、自治体の補助金活用のサポートを行う

❸労働時間の扱い フレックスタイム制（コアなし）、時間単位年次有給休暇 取得可能

❹実施場所 自ら選択可能

❺目的 生産性向上、ストレス発散、旅先での新たな出会いの創出

❻期待効果 ワーケーションが働き方改革や地域活性化などのさまざまな目的を一気に達成する素敵な制度になるはずである

❶企業名 株式会社ミライト・ワン・システムズ

❷費用負担 個人の場合の旅費は自己負担。ワークスペース利用に係る費用は会社負担。チームでの合宿型ワーケーションの場合は旅費も会社負担

❸労働時間の扱い 時間単位年次有給休暇 取得可能

❹実施場所 自ら選択可能

❺目的 社員のリフレッシュや健康増進、職場におけるチームビルディング

❻期待効果 普段と異なる空間への滞在がリフレッシュに つながり、仕事によい影響を与えている
業務の生産性向上

❶企業名	ユニリーバジャパン
❷費用負担	-
❸労働時間の扱い	-
❹実施場所	自ら選択可能
❺目的	地域に根差した新しいイノベーションやビジネスモデルの創出
❻期待効果	会社に対する愛着心や貢献意欲、仕事へのモチベーション向上

❶企業名	日本航空株式会社
❷費用負担	旅費は自己負担
❸労働時間の扱い	有給休暇 取得可能
❹実施場所	自ら選択可能
❺目的	有給休暇の取得率向上
❻期待効果	現場部門だけでなく間接部門にも有給休暇を取りやすくする

❶企業名	株式会社野村総合研究所
❷費用負担	-
❸労働時間の扱い	-
❹実施場所	徳島県三好市
❺目的	社員のモチベーション維持やイノベーション創造
❻期待効果	地方エリアの課題に対する視野拡大 地域の方の人材育成

❶企業名	サイボウズ株式会社
❷費用負担	-
❸労働時間の扱い	-
❹実施場所	-
❺目的	社員のリフレッシュや健康増進、職場におけるチームビルディング
❻期待効果	働き方改革

【参考】
・経団連HP　https://www.keidanren.or.jp/policy/2022/069_guide.pdf
・観光庁HP　https://www.mlit.go.jp/kankocho/workation-bleisure/corporate/case/

用語集

A-Z

AES［Advanced Encryption Standard］
通信データ暗号化技術の1つ。米国が2001年に標準暗号として定めた共通鍵暗号方式である。Wi-Fi通信やネット上の通信を暗号化するSSL/TLS、さらには圧縮ファイルの暗号化などでも利用されている。

Cookie［クッキー］
Webアクセスの際にWebサーバーがユーザーを識別するために使うテキストデータのこと。

CSR［Corporate Social Responsibility］
企業が組織活動を行うにあたり担っている社会的責任。企業活動は基本的には「利益の追求」を目的としているが、社会全体のステークホルダーを考慮し「自然環境への配慮」「資源やエネルギーの保護」「社会的弱者の救済」なども重視すること。

GPS［Global Positioning System］
米国が運用している全地球衛星測位システムのこと。もともとは米国国防総省が開発した軍事技術である。人工衛星から電波を発信し、受信者の現在位置を知ることができる位置測定技術。

ICT［Information and Communication Technology］
日本語では情報通信技術などと訳され、情報処理と通信技術を総称する用語である。なお、ICTとIT（情報技術）はほぼ同義である。

MDM［Mobile Device Management］
複数のスマホやタブレットなどのモバイル端末を業務で利用する際に一元管理するためのしくみ。

PDCA
「Plan（計画）」「Do（実行）」「Check（評価）」「Action（改善）」の頭文字をとって名付けられた業務改善や目標達成のためのフレームワーク。

SDGs［Sustainable Development Goals］
2015年9月の国連サミットにおいて150超の加盟国首脳の参加のもと、全会一致で採択された「持続可能な開発のための2030アジェンダ」に掲げられた、「持続可能な開発目標（Sustainable Development Goals)」のこと。

SEO［Search Engine Optimization］
日本語訳は「検索エンジン最適化」。Googleなどのオーガニック検索結果で自社のWebページが上位に表示されるようにする施策。

SSD［Solid State Drive］
半導体素子に電気的にデータの記録、読み出しを行う記憶媒体。HDDなどの磁気ディスクより高速に読み書きすることができる。

SSL［Secure Sockets Layer］
インターネット上で送受信するための通信規約（プロトコル）。データを暗号化し、セキュリティを高める。ブラウザーとサーバー間を暗号化する技術。

SUP［Stand Up Paddleboard］

サーフボードより少し大きめのボードに立ち、パドルを漕いで水面を進んでいくアクティビティ。海だけでなく川、湖でも楽しめる。

Teams

Microsoft社が提供するグループチャットのソフトウェア。2017年3月に正式に提供されたビジネス向けのコラボレーションツール。

TLS［Transport Layer Security］

インターネット上で送受信するための通信規約（プロトコル）。SSLの脆弱性をより解決し、さらに安全性を高めた技術。

VPN［Virtual Private Network］

通常のインターネット回線を利用して作られる仮想の専用線（プライベートネットワーク）のこと。この仮想の専用線により安全なルートを確保でき、重要情報の盗み見や改ざんなどの脅威から守ることができる。

Wi-Fi

無線でネットワークに接続する技術のこと。「Wi-Fi」と「無線 LAN」は厳密には同義ではない。無線 LAN は電波だけでなく、レーザーや赤外線も含まれている。

WPA2［Wi-Fi Protected Access 2］

WPAは無線LAN のセキュリティ技術の1つ。WPA2はWPAより暗号化としてさらに高度な技術（AES）を採用している。

WPA3［Wi-Fi Protected Access 3］

2018年にリリースされた次世代の無線LAN のセキュリティ技術。WPA、WPA2より優れたセキュリティ機能を備えている。

Zoom

Zoom Video Communications社が提供する、クラウドコンピューティングを使用したWeb会議サービスのこと。

あ行

アフィリエイト広告

広告掲載によって、商品やサービスの購入につながった場合、広告を掲載しているサイト運営者が報酬を得られる広告手法。成果報酬型広告と呼ぶ場合もある。

一億総活躍社会

少子高齢化に歯止めをかけ、50年後も人口1億人を維持し、家庭・職場・地域で誰もが活躍できる社会を目指すアベノミクスの第2ステージのプラン。具体的には、「3本の矢」を軸に、経済成長、子育て支援、安定した社会保障の実現を目指すこととしている。

インセンティブ（Incentives）

一般的に営業や販売の仕事をする人向けの、成果に応じて基本給以外に報酬がもらえる制度のこと。ここでは、ワーケーションをインセンティブ旅行のひとつと考えている。

エコツーリズム［eco-tourism］

Ecology（生態系）とTourism（旅行）をか

け合わせた造語。自然環境や文化など、その地域の魅力を旅行者に伝えることにより、その価値が理解され、持続的に保全につながっていくことを目指していくしくみ。エコツーリズムの考え方を実践するツアーをエコツアーという。

エンゲージメント[engagement]
本来「契約」「婚約」「約束」などの意味。従業員エンゲージメントとは、自発的に「会社に貢献したい」という従業員の意欲のこと。

か行

関係人口
地域と多様に関わる人々を指す言葉。厳密な定義としては曖昧だが、「観光」以上「移住」未満と例えられたりもする。

業務起因性
業務と傷病等の間に一定の因果関係があること。

業務遂行性
労働者が事業主の支配ないし管理下にある中でという意味。

クラウド
クラウドは本来「雲」(cloud) という意味であるが、クラウドコンピューティングの略称として使われる。インターネットに接続して利用するサービス全般のことを指し、そのサービスを提供するサーバーの在りかを使用者に意識させないといういう特徴がある。

グランピング (Glamping)
「Glamorous(魅力のある)」と「Camping(キャンピング)」を組み合わせた言葉。一般的なキャンプと異なり、自然に負荷を与えず、自然の中でより快適に過ごせる施設や体験のことをいう。

コワーキングスペース[coworking space]
作業スペースや打ち合わせスペースなどを個人や複数の会社・団体で共用し、それぞれ独立して作業を行う場所。シェアオフィスとほぼ同義語として使われるが、通常コワーキングスペースにはオープンスペースがあるが、シェアオフィスには存在しない場合も多い。

コンセンサス[consensus]
複数の人の一致した意見、総意。ビジネスの場では、根回しの意味で利用される場合もある。

さ行

サテライトオフィス
企業や団体が通常のオフィスとは別に設置する小規模なオフィスのこと。サテライトオフィスのタイプには都市型と郊外型がある。

スカイプ[Skype]
Microsoft社から無料で提供されている音声通話ソフトのこと。音声通話以外にも文字チャットを利用することができる。

ステークホルダー［stakeholder］
　企業の活動に対して、直接的または間接的な利害関係がある団体または個人のこと。株主・経営者・従業員・クライアント・金融機関・ライバル企業を指す。さらに行政機関やNPO法人などが含まれる場合もある。「stake（出資金）」と「holder（保有者）」を合わせた言葉である。

ストレージ［storage］
　パソコンやスマホなどのデバイスにおけるデータを長期間保管可能な記憶媒体のこと。HD（ハードディスク）やSSD［Solid State Drive］、USBメモリー、SDカードなどを指す。オンライン上のデータを保管する記憶媒体をオンラインストレージともいう。

た行

チームビルディング（Team Building）
　様々なアクティビティーを通じて、チームの結束力や生産性を高め、目標を達成できるチームを作り上げていくためのプロセスのこと。

地産地消
　「地元で生産されたものを地元で消費する」というサスティナブルな考え方のこと。

地方創生
　首都圏への一極集中を是正し、地方の人口減少に歯止めをかけ、日本全体の活力を上げることを目的とした一連の政策。

2014年の第2次安倍改造内閣発足後の記者会見で発表。 地方創生の概念は、SDGsにも深く関わりがある。

定住人口
　その地域に居住する人たちのこと。

定性効果
　数値では表せない効果。心構え、モチベーション、方針などの状態や状況を指す。

定量効果
　数値化して表すことができる効果。売上高、利益率などを指す。

テレワーク［telework］
　自宅や共有ワークスペースなど場所を選ばず仕事をする働き方。teleは遠隔の意。リモートワークと同義で使われる場合あり。

は行

パイロット導入
　ある制度やシステムなどを本格的導入する前に行われる、試験的な導入、運用のこと。

働き方改革関連法案
　正式名称は「働き方改革を推進するための関係法律の整備に関する法律」。働き方改革を進めるための、労働基準法、労働安全衛生法など各種労働関連法の改正を進める法律。

用語集

ファームトゥテーブル（Farm to Table）

「農場から食卓へ」を意味し、レストランなど食事を提供する側が、地元の農場から食材を収穫をしたものを提供すること。ここでは、エコツアーを通じて食材を収穫し、グランピングサイトでBBQを行う体験のことをいう。

フィールドワーク［field work］

研究者自身が研究対象となるエリアに実際に訪れ、その土地を調査する社会調査手法のこと。

プライバシーフィルター［privacy filter］

パソコン画面に取り付ける覗き見防止フィルターのこと。画面正面を中心に左右30°からは画面が見えない仕様になっている。

フリーWi-Fi

カフェ、コンビニ、駅、空港、ホテル、公共施設などで誰でも利用できるよう無料で提供されたWi-Fiスポットのこと。原則、不特定多数の人が利用するため個人情報を取り扱う業務利用の際はさまざまな注意が必要となる。特に暗号化されていなWi-Fiスポットは利用しないことをおすすめする。

ブリージャー［bleisure］

「出張（Business Travel）」＋「レジャー（Leisure）」を組み合わせた造語。出張の前後に休暇を取り、個人的な旅行を楽しむこと。ブレジャーともいう。

ブレジャー［Bleisure］

「ブリージャー［Bleisure］」を参照。

フレックスタイム制度

労働者が日々の始業・終業時刻、労働時間を自ら決めることによって、生活と業務との調和を図りながら効率的に働くことができる制度。

プロトコル［protocol］

本来は手続き、手順、外交儀礼、協定などの意味。インターネットの世界では、コンピューター同士が通信を行うための規格（ルール）のことを指す。

報連相

「報告」「連絡」「相談」の略語。現在、誰が何の業務を行っているかを上司や同僚と共有することにより、進捗や課題状況が把握しやすくなる。

ま行

ミドルウェア［middleware］

OSや他のアプリケーション、データベース間のギャップを埋めて、ユーザーにサービスを提供するための仲介役となるソフトウェアのこと。

みなし労働時間制

労働基準法において、その日の実労働時間にかかわらず、その日はあらかじめ定めておいた時間労働したものとみなす制度。例えば、所定労働時間が8時間の場合、実労働時間が7時間であっても所定労働時間の8時間分働いたこととみなされる。この場合の時間減である1時間分は減給対象としない。

モチベーション［motivation］
　一般的には「動機付け」という意味。企業や団体組織においては、仕事への意欲や業務に対するやる気という意味合いで使われる。

ら行

リスティング広告
　「Google」や「Yahoo!」といった検索サイトの検索結果ページに掲載されるテキスト検索連動広告。

リモートワーク［remotework］
　オフィス以外の場所で仕事をすることを指す。テレワークの同義語として扱われることもある。

ロイヤリティ［loyalty］
　従業員の自社への忠誠心、愛社精神の意味。会社組織への帰属意識、コミットメントなどの意味もある。

労災
　「労働災害」の略語。従業員が勤務中や通勤中にケガをしたり、病気になったりする災害のこと。

労働安全衛生法
　「職場における労働者の安全と健康の確保」や「快適な職場環境の形成促進」を目的とする法律。1972年に制定。

労働基準法
　労働者が持つ生存権の保障を目的とし、労働契約や賃金、労働時間、休日および年次有給休暇、就業規則、災害補償などの各項目について、労働条件としての最低基準を定めた法律。日本国憲法第27条第2項に基づいて1947年に制定。

労働者災害補償保険法
　仕事に起因するケガや病気になった労働者の社会復帰や、その遺族を支援することを定めた法律。労災保険法ともいう。

わ行

ワークライフバランス［work life balance］
　直訳すると「仕事と生活の調和」であるが、内閣府が定める憲章では下記を実現する社会を目指すこととしている。
1.就労による経済的自立が可能な社会
2.健康で豊かな生活のための時間が確保できる社会
3.多様な働き方・生き方が選択できる社会

ワーケーション［workation］
　「ワーク（Work）」　＋「バケーション（Vacation）」を組み合わせた造語。普段のオフィス環境とは異なる環境（リゾート地や観光地）で働きながら休暇も楽しむこと。

【参考】
https://ja.wikipedia.org/wiki/
https://www.mhlw.go.jp/content/000476042.pdf

参考文献

4章

https://livhub.jp/workation/management

https://hanjo.biglobe.ne.jp/owner/labor_management_wk/

https://www-reworked-co/digital-workplace/building-a-new-model-for-remote-work/

https://jtb-hrsolution.jp/hrsupplement/welfare/29

https://www-reservations-com/blog/lifestyle/working-vacations/

https://abovethelaw-com/law-firms/quinn-emanuel-urquhart-sullivan-llp/

https://www.hrpro.co.jp/series_detail.php?t_no=2272

https://www.reworked.co/leadership/is-now-the-time-to-invest-in-a-head-of-remote-work/

5章

https://www.jtbbwt.com/business/trend/detail/id=1900

https://www.otsuka-shokai.co.jp/media/soumu/news/syakaihoken-roumushi/column-33.html

https://www.welcomehr.jp/社労士相談室/201111/

https://bizuben.com/work-vacation/#i-9

https://www.mhlw.go.jp/content/11911500/000683359.pdf

https://go.chatwork.com/ja/column/telework/telework-148.html

https://www.lrm.jp/security_magazine/paper-management_rules/

https://www.sog.unc.edu/teleworktips

https://www.ipa.go.jp/files/000002224.pdf

https://jp.norton.com/internetsecurity-general-security-vpn.html#2.1

https://www.securitymagazine.com/articles/91990-nist-cybersecurity-recommendations-for-working-from-home

https://media.o-sr.co.jp/question/question-26813/

6章

https://www.mlit.go.jp/kankocho/workation-bleisure/corporate/case/

https://10clouds.com/blog/life-at-10clouds/workation-explained-what-it-is-benefits-and-impact/

https://www.traveldailynews.com/post/tui-group-recruiting-over-1500-new-colleagues-focus-on-digitalisation-and-destinations

著者

頼定誠（よりさだまこと）

岡山県出身

日本IBM株式会社、株式会社博報堂、富士フイルム株式会社を経て
株式会社モブキャスト　取締役副社長就任後、2012年東証マザーズ
上場
キャンピングカー株式会社　代表取締役社長
中央大学理工学部数学科（数理統計学）卒業
早稲田大学大学院商学研究科（ITと経営戦略）修了
主な著書に『Webマーケティングコンサルタント養成講座』（翔泳社）、
『eコマースプランニング入門講座』（翔泳社、監修）など

新谷雅徳（しんたにまさのり）

静岡県富士宮市在住
静岡大学工学部応用化学科卒業。
米国フロリダ工科大学環境資源マネジメント大学院修了
日本におけるエコツーリズムのパイオニアとして、
世界18か国（2023年1月現在）でエコツーリズム開発支援を行う。
一般社団法人エコロジック 代表理事
グランピング施設「マウントフジ里山バケーション」オーナー
インバウンドエコツアー「縁やマウントフジエコツアーズ」代表
日本エコツーリズム協会運営役員
日本ボーイスカウト富士スカウト章受章

監修

根来龍之（ねごろたつゆき）

三重県出身

早稲田大学ビジネススクール教授。同大学IT戦略研究所所長。
●京都大学卒業（哲学科）、慶應義塾大学大学院経営管理研究科
（MBA）修了、鉄鋼メーカー、文教大学などを経て、現職。
●主な著書に『この1冊ですべてわかるビジネスモデル』（ソフトバンク
クリエイティブ,共著）、『集中講義 デジタル戦略』、『プラットフォーム
の教科書』、『ビジネス思考実験』、『事業創造のロジック』（ともに日
経BP社）、『代替品の戦略』（東洋経済新報社）、『オープンパートナー
シップ経営』（PHP,共著）、『ネットビジネスの経営戦略』（日科技連,
共著）など。

執筆協力者	岩田合同法律事務所　中村忠司（弁護士）
	いまい税理士事務所　今井儀徳（税理士）
	株式会社リクエストプラス　藤井弥生　高原恭子　安井華奈子　川上夕夏
	一般社団法人エコロジック　安藤智恵子　和久井諒
	キャンピングカー株式会社　吉田智之　岸本恵克　齊木雅樹　岩坂佑也
	板谷俊昭　五百川真代　関口義人　星一州　前西原茉穂
	渡邊あゆ美

カバーデザイン	小口翔平＋畑中茜（tobufune）
レイアウト・本文デザイン	株式会社リンクアップ
イラスト	萩原亜紀子
編集	大和田洋平
技術評論社 Web ページ	https://book.gihyo.jp/116

■お問い合わせについて

本書の内容に関するご質問は、下記の宛先まで FAX または書面にてお送りください。なお電話によるご質問、および本書に記載されている内容以外の事柄に関するご質問にはお答えできかねます。あらかじめご了承ください。

〒 162-0846　新宿区市谷左内町 21-13
株式会社技術評論社　書籍編集部
「ワーケーションのはじめかた」質問係
FAX 番号　03-3513-6167

なお、ご質問の際に記載いただいた個人情報は、ご質問の返答以外の目的には使用いたしません。また、ご質問の返答後は速やかに破棄させていただきます。

ワーケーションのはじめかた

2023 年 2 月 18 日　初版　第 1 刷発行

著者	頼定誠（キャンピングカー株式会社）
	新谷雅徳（一般社団法人エコロジック代表）
発行者	片岡　巖
発行所	株式会社技術評論社
	東京都新宿区市谷左内町 21-13
電話	03-3513-6150　販売促進部
	03-3513-6160　書籍編集部
印刷／製本	昭和情報プロセス株式会社

定価はカバーに表示してあります。

ISBN978-4-297-13316-0　C3055

Printed in Japan